02
파파재
까까유

세상에서
가장 쉬운
물리학
입문서

필수
물리 용어
사전

Physics Dictionary

스즈키 유타 지음 | **이선주** 옮김 | **이기진** 감수

동아엠앤비

우주와 세계의 규칙을 해명하는 물리학

2020년, 전 세계의 지도자가 모인 다보스 회의에서 '리스킬링(재학습) 혁명'
이라는 성명이 발표되었습니다. 인공 지능(AI)과 같은 기술 혁신을 맞이하는
시대에 2030년까지 10억 명에게 더 나은 교육, 기술, 일자리를 제공한다는
취지였습니다.

같은 해에 일본에서도 기시다 총리가 소신 표명 연설 중에 앞으로 5년간 1조
엔을 투입하겠다고 발표했습니다. 각 부처에서도 인재의 리스킬링을 추진하
는 제도와 그에 필요한 보조금에 관한 제도를 만들고 있습니다. 지금은 리스
킬링이 비즈니스에서 중요한 키워드로 주목을 받고 2022년 유행어 대상에
도 올랐습니다.

그런데, 리스킬링에 도전하려고 해도 어떤 분야를 학습해야 할지 모르겠다
고 하는 분도 많지 않은가요? 그런 분에게 꼭 추천하고 싶은 분야가 물리학
입니다. 물리학은 보통 복잡한 계산이나 용어가 나열되어 있어 어려운 과목
으로 흔히 꼽힙니다.

그러나 물리학은 이 세계의 모든 분야에서 매우 중요한 역할을 합니다. 예를
들어 물체의 운동과 속도를 도출하는 역학은 스포츠나 기상, 천체의 관측에

도 응용됩니다. 그 밖에도 LED나 반도체라는 첨단 기술은 현대 물리학의 이론이 없었다면 완성되지도 않았습니다.

영화 '아이언맨'의 모델이기도 한 사업가 일론 머스크도 물리학의 세계에 매료된 한 사람입니다. 머스크는 온라인 결제의 구조를 완전히 뒤바꾼 페이팔(PayPal)이나 세계 최초로 민간 우주 로켓을 개발한 스페이스 X처럼, 어려운 사업을 수없이 성공시켜 왔습니다. 그가 사업에 성공할 수 있었던 배경에는 물리학으로 얻은 이론적 사고와 물리 법칙을 중요하게 생각하는 자세가 있었습니다.

물리학은 우주와 세계의 형성, 모든 사물의 규칙을 해명하고자 하는 학문입니다. 이 책은 기초 지식 편과 응용 지식 편, 두 부분으로 나누어 물리학의 기본에서 현대 기술에 이르기까지 폭넓게 망라했습니다. 리스킬링을 시작할 때 이 책을 입문서로 꼭 활용해 주세요. 마지막으로 감수를 해주신 수험생 동기 코치이자 입시 강사로 활동 중인 이케스에 쇼타 선생님을 비롯한 온 힘을 다해주신 분들께 감사 인사를 드립니다.

스즈키 유타

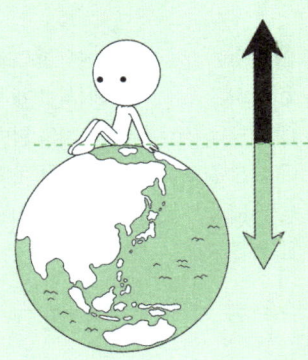

이 책을 읽는 방법

이 책은 물리학을 다시 공부하면서 꼭 알아 두어야 할 용어를 골랐습니다.
이해를 도와주는 그림과 함께 알기 쉽게 해설합니다.

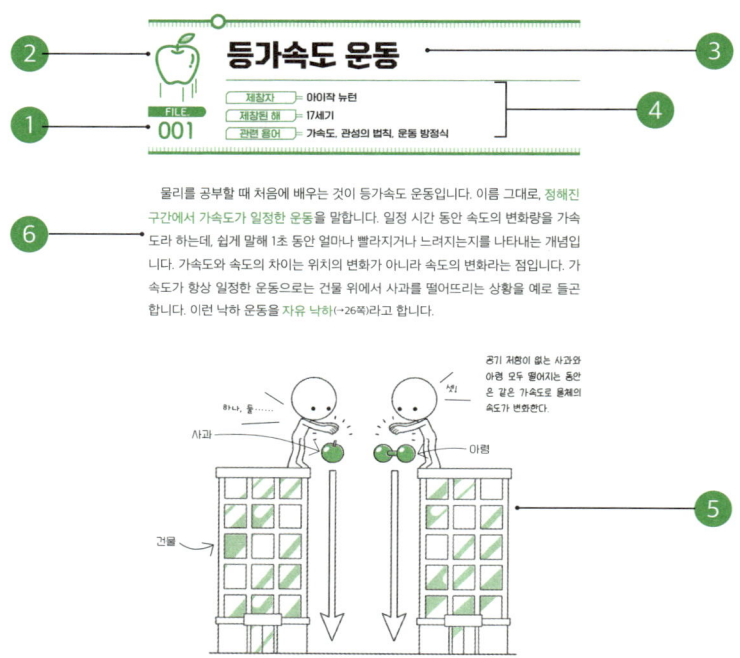

물리를 공부할 때 처음에 배우는 것이 등가속도 운동입니다. 이름 그대로, 정해진 구간에서 가속도가 일정한 운동을 말합니다. 일정 시간 동안 속도의 변화량을 가속도라 하는데, 쉽게 말해 1초 동안 얼마나 빨라지거나 느려지는지를 나타내는 개념입니다. 가속도와 속도의 차이는 위치의 변화가 아니라 속도의 변화라는 점입니다. 가속도가 항상 일정한 운동으로는 건물 위에서 사과를 떨어뜨리는 상황을 예로 들곤 합니다. 이런 낙하 운동을 자유 낙하(→26쪽)라고 합니다.

사과와 아령은 무게는 다르지만, 공기 저항이 없다면 떨어지는 속도는 같다.

① 번호	이 책에서 용어를 소개하는 순서 번호입니다.
② 아이콘	이 책에서 소개하는 용어의 분류를 아이콘으로 표시합니다.
③ 명칭	해당 용어의 일반적인 명칭을 기재합니다.
④ 기본 정보	용어의 제창자, 제창 연대, 관련 용어를 소개합니다.
⑤ 그림	용어를 그림으로 소개합니다.
⑥ 본문	용어가 생겨난 배경과 의미, 원리를 해설합니다.

C O N T E N T S

 **기초 지식 편**

1장 **물리학의 기본! 역학** ·········· 12

2장 **기체의 힘을 이해한다! 열역학** ·········· 38

7장 날씨를 깊이 있게 이해한다! 기상 역학 ············· 134

2부 응용 지식 편

1장 초미시 세계! 양자 역학 ············· 152

1부

기초 지식 편

1부에서는 고등학교 물리에서 배운 영역에 원자와 우주,
기상에 관한 물리학을 추가해 소개합니다.
일상에서 한 번쯤 들어보았을 만한 용어를 알기 쉽게 해설합니다!

1 장

물리학의 기본! 역학

INTRODUCTION

뉴턴이 발견한 운동 방정식이 기본

　물리학의 기본은 모든 자연 현상을 정해진 법칙에 따라 이루어지는 물체(원자)의 움직임으로 보고 논리에 맞게 수식으로 기술하는 일입니다. 이를 체계적으로 정리한 것이 역학이지요.

처음으로 역학을 정리했다고 알려진 사람은 아이작 뉴턴입니다. 그는 $F = ma$라는 운동 방정식을 발견하고 물체의 운동은 운동 방정식으로 완벽하게 설명할 수 있다고 주장했습니다. 그 뒤를 이어 많은 과학자가 뉴턴의 운동 방정식을 토대로 역학, 열역학 그리고 전자기학으로 발전시켰습니다.

물체의 운동은 '위치'와 '속도'를 아는 것

　역학의 출발점은 물체의 운동이 전부라고 해도 과언이 아닙니다. 그러면 운동이란 무엇일까요? 100m 달리기를 생각해 봅시다. 달리기는 시작 지점에서 목표 지점까지 달리고, 달리는 데 걸린 시간을 겨루는 단순한 운동입니다. 하지만 역학에서는 시작 지점에서 목표 지점 위치와 시간을 측정합니다.

물체의 위치를 측정하기 위해서는 x축과 y축을 사용해 표시하는 좌표인 '데카르트 좌표'를 사용합니다.

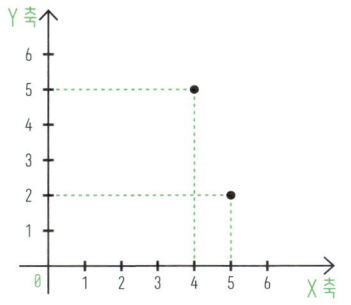

데카르트 좌표

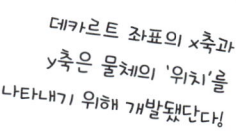

데카르트 좌표의 x축과
y축은 물체의 '위치'를
나타내기 위해 개발됐단당!

 물체의 속도 변화를 나타내는 가속도

역학을 이해하기 위해서는 위치, 속도, 가속도를 잘 이해해야 합니다. 역학에서 속도를 조금 어렵게 정의하면 '속도 = 단위 시간당 변위'입니다. 변위는 위치가 변화한 양을 뜻합니다. 물리 세계에서 시간의 단위로 보통 1초를 사용하므로, 속도는 1초 동안 위치가 얼마나 변화했는지를 나타내는 수치라고 보면 됩니다.

물체의 운동을 정확하게 측정하려면 속도가 빨라지는지, 느려지는지를 파악하는 것이 핵심입니다. 이 개념을 가속도라고 하며 단위 시간당 속도의 변화량을 의미합니다. 가속도는 속도의 변화를 나타내므로 가속도가 0이라면 속도가 변하지 않는다는 뜻일 뿐, 꼭 정지한 상태라는 말은 아닙니다.

POINT

▸ 역학의 토대는 뉴턴의 운동 방정식이다.
▸ 운동은 언제(시간) 어디에(위치) 있는지를 나타낸다.
▸ 가속도는 속도의 변화를 뜻하는 개념이다.

등가속도 운동

제창자	아이작 뉴턴
제창된 해	17세기
관련 용어	가속도, 관성의 법칙, 운동 방정식

FILE.
001

물리를 공부할 때 처음에 배우는 것이 등가속도 운동입니다. 이름 그대로, 정해진 구간에서 가속도가 일정한 운동을 말합니다. 일정 시간 동안 속도의 변화량을 가속도라 하는데, 쉽게 말해 1초 동안 얼마나 빨라지거나 느려지는지를 나타내는 개념입니다. 가속도와 속도의 차이는 위치의 변화가 아니라 속도의 변화라는 점입니다. 가속도가 항상 일정한 운동으로는 건물 위에서 사과를 떨어뜨리는 상황을 예로 들곤 합니다. 이런 낙하 운동을 자유 낙하(→26쪽)라고 합니다.

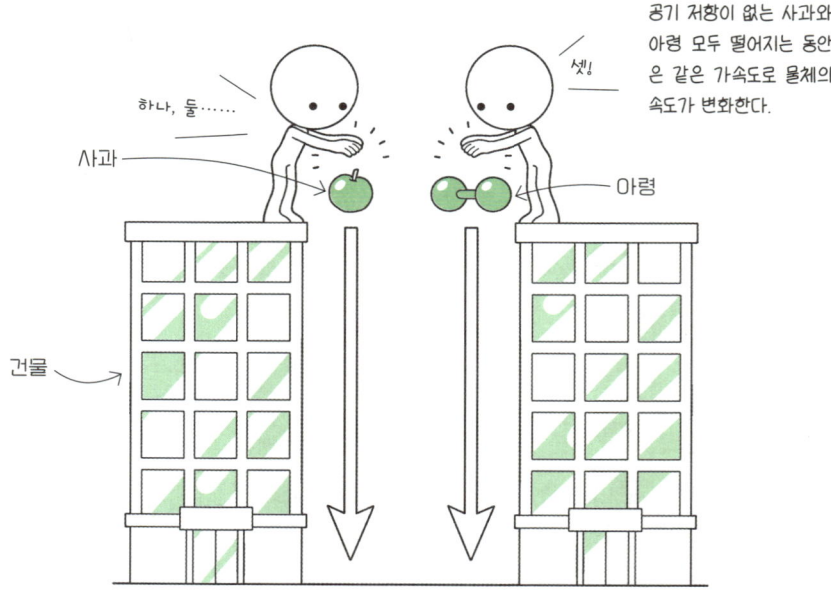

사과와 아령은 무게는 다르지만, 공기 저항이 없다면 떨어지는 속도는 같다.

가속도라는 개념은 뉴턴이 정립했지만, 사실 그 이전에도 이탈리아의 갈릴레오 갈릴레이가 꾸준히 연구해 왔습니다. 갈릴레오가 이탈리아의 이름난 건축물인 피사의 사탑에서 질량이 서로 다른 두 물체를 동시에 떨어뜨렸더니 두 물체가 동시에 지면에 닿았다는 이야기는 널리 알려져 있지요. 실제 이 실험을 했는지에 대해서는 논란이 있지만, 그때까지 유지되었던 기원전 4세기의 철학자 아리스토텔레스의 물체가 낙하하는 속도는 질량에 비례한다는 가설에 반박한 실험으로 평가됩니다. 갈릴레오는 속도와 시간을 알면 위치를 알 수 있다는 생각에는 도달했지만, 물체에 힘이 가해져 운동이 변화하는지까지는 계산을 하지 못했습니다.

뒷일을 부탁해!

제게 맡기세요.

갈릴레오

뉴턴

갈릴레오의 연구를 계승해 뉴턴이 가속도 개념을 정립했다. 많은 고등학생을 괴롭히는 미분 적분학은 가속도를 계산하기 위해 뉴턴이 고안했다.

여기서 뉴턴이 등장합니다. 그는 속력과 위치의 관계를 풀면서, 물체가 힘을 받으면 먼저 속도가 변하고, 속도의 변화는 가속도의 변화로 이어진다, 그리고 속도와 시간을 알면 위치를 알 수 있다는 결론에 이르렀습니다. 이 과정에서 가속도를 계산하기 위해 미분 적분학을 개발했지요. 미분 적분학 때문에 고생한 사람도 많겠지만, 뉴턴이 무척 많은 공적을 남겼다는 사실은 모두가 알고 있습니다. 참고로 갈릴레오가 죽고 거의 1년 후에 뉴턴이 태어났기 때문에 이 두 사람은 만날 수는 없었답니다.

작용 반작용 법칙

제창자	= 아이작 뉴턴
제창된 해	= 1687년
관련 용어	= 관성의 법칙, 운동 방정식

 물리를 이해하는 데 작용 반작용 법칙은 빼놓을 수 없습니다. 뉴턴의 제3법칙이라고 하는 이 법칙은 초등학교 교과서에서는 사람이 벽을 밀면 벽도 사람에게 힘을 가하는데, 그 두 힘의 크기는 같다고 설명합니다. 그래서 작용의 힘과 반작용의 힘은 항상 서로 대항한다고 오해하는 분도 적지 않습니다.

하지만 작용 반작용의 법칙은 힘이 똑같다는 점을 설명하는 법칙이 아니라 어디까지나 힘은 반드시 두 개가 쌍으로 동시에 발생한다는 점을 강조합니다. 여러분이 중력으로 지구에 당겨진다면 여러분도 마찬가지로 지구를 당기고 있다는 힘의 성질이라는 점을 기억해 두세요.

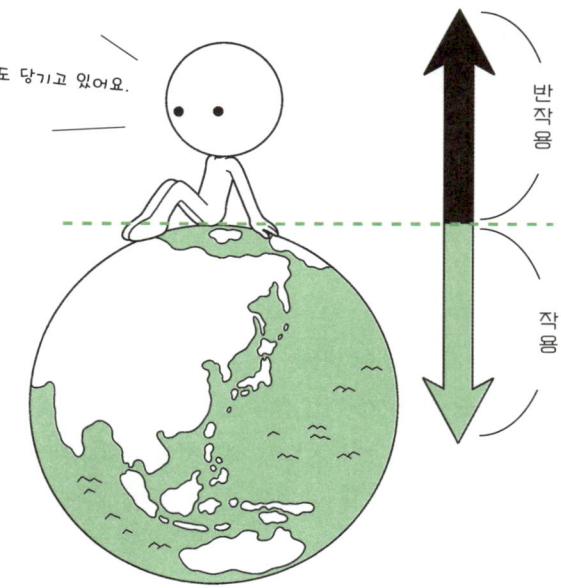

나도 당기고 있어요.

반작용

작용

모든 힘에는 반드시 작용과 반작용이 있다는 성질을 증명한 법칙이다. 사람이 지면에 앉아 정지해 있다고 해도 작용 반작용의 힘은 작용하고 있다.

관성의 법칙

FILE.
003

제창자	갈릴레오 갈릴레이, 아이작 뉴턴
제창된 해	16~17세기
관련 용어	가속도, 운동 방정식

오, 내려간다.

엘리베이터

엘리베이터가 밑으로 이동할 때는 아주 잠깐 힘이 가해지지 않은 상태가 되어, 떠 있는 듯한 느낌이 든다. 이 현상은 관성의 법칙 때문에 일어난다.

몸이 뜬 건가?

엘리베이터 안에서 몸이 잠깐 떠서 그 상황에 멈춘다.

바닥이랑 잘 붙어 있네.

엘리베이터가 아래로 이동할 때, 순간적으로 몸이 뜨는 느낌이 듭니다. 이 현상은 역학에서 말하는 관성의 법칙으로 설명됩니다. 관성의 법칙은 힘을 가하지 않는 한, 정지한 물체는 그대로 멈추어 있고 움직이는 물체는 그 속도를 유지하면서 계속 진행한다는 물체의 운동에 관한 기본 법칙입니다. 엘리베이터의 예로 말하면, 한순간 몸이 그 자리에 멈추었다가, 다음 순간 중력에 의해 아래로 가속하는 것입니다. 관성의 법칙도 역시 갈릴레오가 발견하고, 뉴턴이 정리했습니다. 다른 말로 제1법칙이라고도 합니다.

훅의 법칙

제창자	로버트 훅
제창된 해	1678년
관련 용어	탄성력, 가속도, 운동 방정식

　용수철이나 고무줄을 강하게 당기면 그만큼 원래로 돌아가려는 힘이 강해집니다. 이때 발생하는 힘을 탄성력이라 하고, 용수철과 고무줄에 어떤 힘을 가하지 않은 상태를 자연 길이라고 합니다. 탄성력은 자연 길이에서 늘어나거나 줄어드는 길이에 비례합니다. 방송의 예능 프로그램 등에서 벌칙 게임으로 고무줄을 입에 문 상태에서 고무줄을 당겼다가 놓을 때 얼굴에 강한 충격을 주는 장면도 훅의 법칙을 활용한 상황입니다. 당기는 거리가 멀면 멀수록 출연자가 아파하는데, 거리가 멀수록 탄성력이 강해져 충격도 강해지기 때문입니다.

고무나 용수철을 당기거나 누르면 원래로 돌아가려는 탄성력이 작용한다.
여담이지만 이 힘을 발견한 훅은 뉴턴과 견원지간이었다.

고전 물리에서 다루는 기본적인 힘

물 리학에서는 다양한 힘을 다루기 때문에 은근히 어렵게 느끼는 사람도 있겠지요. 하지만 물체가 운동할 때 작용하는 기본적인 힘은 일곱 가지입니다. 모두 고등학교 물리에서 배우는 범위이므로 조금만 생각해 보면 그렇게 어려운 이야기는 아닙니다. 우선 일곱 가지만 기억해 두세요.

일곱 가지 힘과 주변의 예

기본으로 다루는 힘을 다음 표에 표기했습니다. 이 외에도 물체 안에서 작용하는 응력 등 세분화하면 더 다양한 종류의 힘이 있지만, 대부분은 이 일곱 개의 힘을 응용해 생각하면 됩니다. 단, 양자 역학에서 말하는 전자기력, 강력, 약력, 중력은 별도로 생각해야 합니다.

• 고전물리학에서 다루는 힘의 종류

힘의 이름	개요	예
중력	만유인력과 같은 의미. 지구상의 모든 물체에 작용하는 지구 중심으로 끌어 당겨지는 힘	사과가 나무에서 떨어짐
수직 항력	물체가 면 위에 접촉하여 힘을 미칠 때, 반작용으로서 수직 방향으로 작용하는 힘	책상에 놓인 책이 책상으로부터 받는 힘
탄성력	용수철 같은 물체가 외부에서 힘을 받을 때 원래로 돌아가려는 힘	용수철을 당겼다가 놓으면 원래로 돌아감
장력	물체를 늘일 때 잡아당기는 힘	실을 당기고 있을 때의 힘
마찰력	운동하는 물체에 대해 역방향으로 걸리는 힘	평평한 곳을 달리던 장난감 자동차가 자연스럽게 멈춤
부력	액체 속에서 중력과 반대 방향으로 작용하는 힘	튜브가 수영장에 뜸
관성력	물체가 같은 상태를 유지하려고 하는 겉보기 힘. 원심력 등을 포함함	차가 움직이기 시작하면 진행 방향과 반대 방향으로 힘을 느낌

일과 에너지

FILE.
005

제창자	제임스 프레스콧 줄 등
제창된 해	18~19세기
관련 용어	운동 방정식, 역학적 에너지, 위치 에너지

　일과 에너지라는 용어는 일상에서 아무렇지도 않게 쓰지만, 사실 물리학에서 나온 단어입니다. 에너지란 물체를 움직이는 힘을 말하고, 여러 종류가 있습니다. 또한 물체에 힘을 가했을 때 작용한 힘과 힘의 방향으로 움직인 거리의 곱을 일이라고 합니다. 모두 J(줄)이라는 단위로 표기하는데, 열역학을 연구했던 영국의 물리학자 줄의 이름에서 따왔습니다. 에너지라는 말을 처음 사용했던 사람은 유체 역학으로 알려진 다니엘 베르누이라고 하는 이야기도 있습니다. 일과 에너지는 운동 방정식에서 도출된 용어입니다.

모두들 내가 남긴 연구로 열심히 토론을 하고 있군!

뉴턴

일과 에너지는 뉴턴이 만든 운동 방정식을 후세에 여러 물리학자가 해석한 것이다.

에너지는 물체를 움직이는 힘이야!

그럼 일은 힘의 방향으로 움직인 거리라는 말인가?

베르누이

줄

일에는 기준이 되는 방향이 있고, 그 기준에 따라 양과 음이 결정됩니다. 아래의 그림처럼 왼쪽으로 진행하는 사람이 있다고 해 봅시다. 이 사람에게는 세 방향으로 힘이 작용합니다. 사람이 움직이려고 하는 왼쪽으로 향하는 힘은 양의 일, 진행 방향과 반대인 오른쪽으로 향하는 힘을 음의 일, 진행 방향에 수직인 위쪽으로 작용하는 힘은 일하지 않는다, 즉 0이 됩니다. 알기 쉽게 표현하면 일을 제대로 하는 힘은 양, 방해하는 힘은 음, 무엇을 하는지 알 수 없는 힘은 일하지 않는 것으로 정리됩니다.

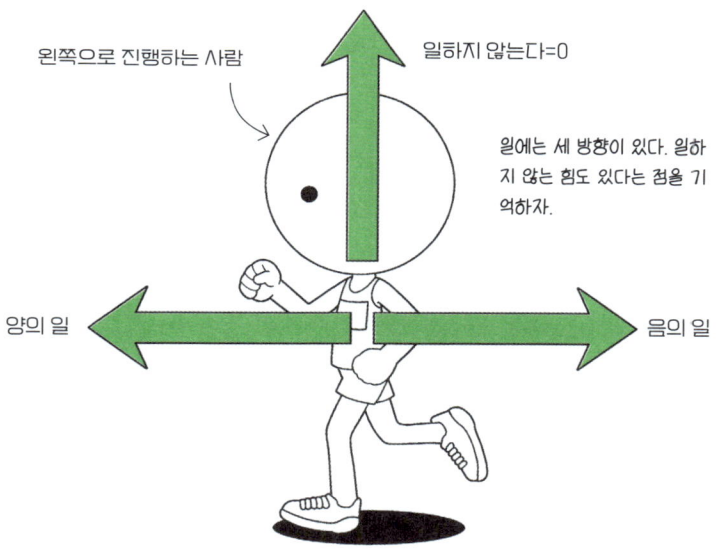

왼쪽으로 진행하는 사람

일하지 않는다=0

일에는 세 방향이 있다. 일하지 않는 힘도 있다는 점을 기억하자.

양의 일

음의 일

물체가 가지는 대표적인 에너지가 운동 에너지입니다. 영어로 Kinetic erergy라고 하므로, 운동 에너지는 보통 K라는 기호로 표기합니다. 운동 에너지와 일의 관계는 처음의 운동 에너지에 일을 가하면 최종 운동 에너지가 된다고 설명하는데 위의 그림에 적용해 생각해 보면 사람이 왼쪽으로 움직이려고 할 때, 오른쪽에서 바람이 불었다고 해봅시다. 이때, 바람은 양의 일을 도와줍니다. 왼쪽으로 움직이려는 운동 에너지에 바람이라는 일이 더해져 최종 운동 에너지가 됩니다.

위치 에너지

제창자	윌리엄 랭킨 등
제창된 해	19세기 무렵
관련 용어	역학적 에너지, 벡터

FILE.
006

위치 에너지는 중력에 의한 일을 나타내는 개념입니다. 9층과 2층에서 각각 물체를 떨어뜨린다고 해봅시다. 9층에서는 깨지지만, 2층에서는 괜찮습니다. 이것은 중력에 따른 위치 에너지의 특징 중 하나로 위치 에너지는 낙하한 높이만으로 결정된다고 합니다. 나풀나풀 떨어지든 똑바로 떨어지든 위치 에너지는 같습니다.

위치 에너지는 낙하한 높이(＝위치)에 따라 다르다.

벡터

제창자	윌리엄 로원 해밀턴 등
제창된 해	1843년
관련 용어	위치 에너지, 역학적 에너지

FILE.
007

지금까지의 설명에서 힘과 속도, 가속도 등을 나타내는 기호로 벡터를 사용했습니다. 벡터는 화살표로 표시하며 방향과 크기를 가지는 양을 의미합니다. 벡터는 윌리엄 로원 해밀턴이 제창했고, 후에 미국의 수학자인 윌러드 기브스가 벡터 해석법을 확립했습니다.

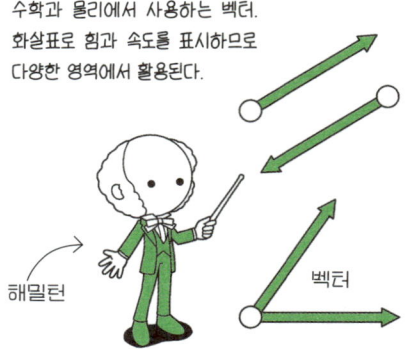

수학과 물리에서 사용하는 벡터. 화살표로 힘과 속도를 표시하므로 다양한 영역에서 활용된다.

해밀턴

벡터

역학적 에너지

제창자	율리우스 로베르트 폰 마이어
제창된 해	19세기 무렵
관련 용어	운동 에너지, 위치 에너지, 마찰력

FILE.
008

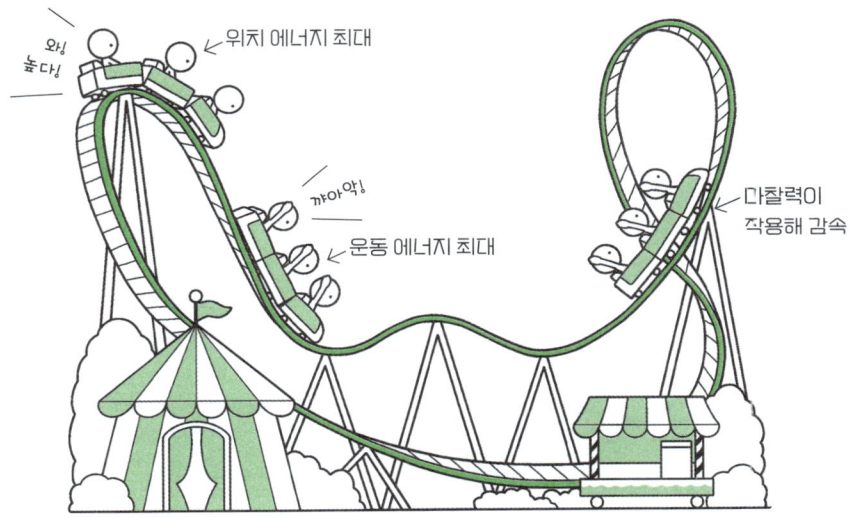

위치 에너지 최대

와! 높다!

까아악!

운동 에너지 최대

마찰력이 작용해 감속

롤러코스터는 역학적 에너지의 대표 예. 운동 에너지와 위치 에너지가 작용해 움직인다.

 역학적 에너지는 운동 에너지와 위치 에너지의 합을 뜻하는 용어입니다. 쉬운 예로 롤러코스터를 생각하면 됩니다. 롤러코스터는 먼저 가장 높은 곳에서 낙하하는데, 이 부분은 위치 에너지와 관련되어 있습니다. 가장 높은 곳에서 가장 낮은 곳까지 최대의 위치 에너지가 작용하고 있지요. 그다음, 내려온 지점에서 속도가 최대가 되고, 운동 에너지도 최대가 됩니다. 그리고 레일이 휘거나 마찰력 등의 원인으로 롤러코스터는 감속, 정지합니다. 롤러코스터는 운동 에너지와 위치 에너지를 더한 역학적 에너지로 움직입니다.

운동량 보존 법칙

제창자	르네 데카르트
제창된 해	1644년
관련 용어	충격량, 운동량, 운동 에너지, 위치 에너지

FILE.
009

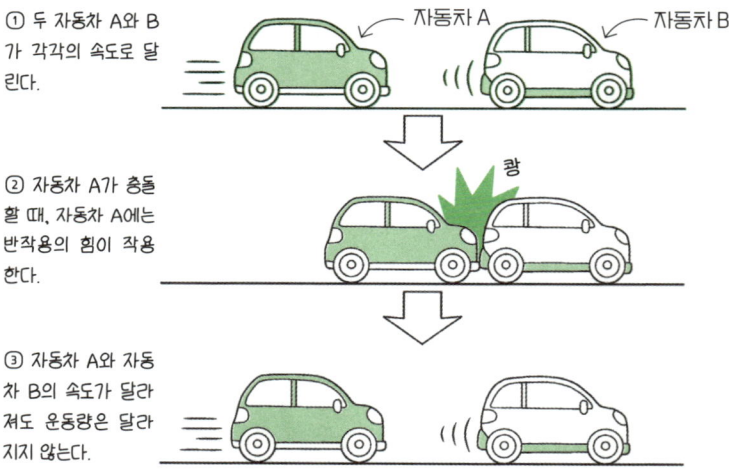

① 두 자동차 A와 B가 각각의 속도로 달린다.

자동차 A   자동차 B

② 자동차 A가 충돌할 때, 자동차 A에는 반작용의 힘이 작용한다.

쾅

③ 자동차 A와 자동차 B의 속도가 달라져도 운동량은 달라지지 않는다.

데카르트가 발견한 운동량 보존 법칙. 이동하는 물체가 충돌했을 때가 대표적인 예로,
일정 조건을 만족할 때 자동차 A와 자동차 B의 운동량의 합은 동일하다.

　충격량과 운동량의 관계는 일과 에너지의 관계와 매우 비슷합니다. 충격량이란 물체에 작용한 힘과 힘이 작용한 시간의 곱을 가리키며, 운동량은 움직이는 물체의 질량과 속도의 곱입니다. 충격량은 일과 마찬가지로 처음의 운동량에 충격량을 더하면 나중의 운동량이 된다는 특징이 있습니다. 일과 에너지가 힘과 거리의 곱이라면 충격량과 운동량은 힘과 시간의 곱을 나타내며 이렇게 나타내는 운동량은 보존된다는 성질이 있는데, 예를 들어 자동차 A가 자동차 B에 충돌했다고 하면 충돌할 때의 충격량은 상쇄되고 충돌 전과 후의 운동량의 합계가 같아집니다. 이것을 운동량 보존 법칙이라고 합니다.

보존력과 비보존력

제창자	헤르만 루트비히 페르디난트 폰 헬름홀츠 등
제창된 해	19세기
관련 용어	역학적 에너지, 운동량 보존 법칙, 중력, 마찰력

FILE.
010

보존력은 물체의 이동 경로와 상관없이 항상 일정합니다. 운동량 보존 법칙을 비롯해 물리학에는 다양한 보존 법칙이 있습니다. 역학적 에너지에도 보존 법칙이 있고, 그 외에도 각운동량 보존 법칙, 질량 보존 법칙 등이 있습니다. 역학적 에너지의 보존 법칙이 성립하는 조건 중 하나는 중력을 비롯한 보존력만 작용한다는 점입니다.

[보존력] 중력이 걸림 이얍!

보존력은 위치 에너지로 정의되는 중력 등을 가리킨다.

[비보존력]

비보존력은 명백히 일에 영향을 주는 힘을 뜻한다.

마찰력으로 정지함

힘이 작용하여 어떤 물체가 두 점 사이를 이동할 때 물체의 이동 경로와 관계가 있는 경우에 이 힘을 비보존력이라고 합니다. 즉, 비보존력은 어떻게 움직였는지까지 파악해야 일과 운동량을 구할 수 있습니다. 앞에서 언급한 롤러코스터에서 작용하는 마찰력은 비보존력의 대표적 예입니다.

자유 낙하

제창자	갈릴레오 갈릴레이 등
제창된 해	16~17세기
관련 용어	원운동, 만유인력

FILE.
011

공기의 마찰과 저항을 받지 않고, 중력의 작용으로만 물체가 낙하하는 운동을 가리킵니다. 특히 우주 공간에서는 자유 낙하에 의한 인공위성이나 달, 지구 같은 천체의 움직임을 설명할 수 있습니다. 예를 들면, 달은 항상 지구로 떨어지고 있습니다만 왜 충돌하지 않을까요? 이것은 지구와 달이 원형을 이룬다는 사실과 깊이 연관되어 있습니다. 달은 지구를 향해 낙하하지만, 원운동(→28쪽)으로 인해 착지하지 않고 계속 돌고 있지요. 참고로 뉴턴은 만유인력을 이용해 달이 지구에 떨어지지 않는 이유를 설명했습니다.

진공 상태인 우주 공간에서 물체는 자유 낙하를 하며, 원운동이나 중력의 작용으로 충돌하지 않는다.

반발 계수

FILE.
012

제창자	아이작 뉴턴
제창된 해	17~18세기
관련 용어	운동량 보존 법칙, 상대 속도

[반발 계수 큼]

멀리 날아간다!

[반발 계수 작음]

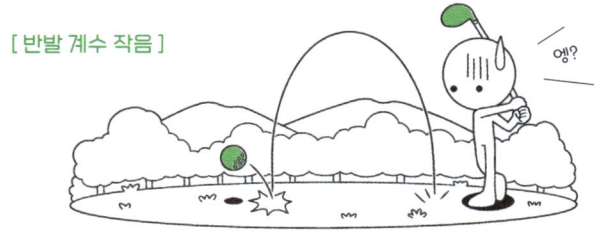

엥?

반발 계수가 클수록 충돌 후 물체는 훨씬 멀어진다. 배트나 라켓을 이용한 스포츠에서는 반발 계수를 정해 놓는 경우가 많다.

　물체와 물체가 충돌한 다음, 물체가 서로 멀어지는 속도를 수치화한 값이 반발 계수입니다. 움직이는 두 물체가 서로 상대에게 보이는 속도를 상대 속도라고 하며, 움직이는 열차 안에서 반대 방향으로 달리는 열차를 보면 매우 빠르게 보이는 현상이 생기는 이유가 바로 상대 속도 때문입니다. 반발 계수는 충돌 후의 상대 속도가 충돌 전의 상대 속도에 대해 역방향으로 커지는 값을 뜻합니다. 반발률이라고도 하며 야구나 골프에서 빼놓을 수 없는 수치입니다. 반발 계수는 0~1의 범위로 표기되며 값이 1에 가까울수록 반발 계수가 큽니다. 골프에서는 공평성을 유지하기 위해 드라이버의 반발 계수를 0.83까지로 제한하고 있습니다.

원운동

제창자	아이작 뉴턴 등
제창된 해	16~17세기
관련 용어	운동 방정식, 자유 낙하, 만유인력

FILE.
013

말 그대로 움직이는 궤도가 원형일 때의 운동을 말합니다. 원운동을 이해하기 위해서는 아래 그림의 세 물리량을 확실하게 알아 두어야 합니다. 각속도와 반지름을 곱하면 '1초 동안 움직이는 거리'가 됩니다. 원래 원운동이 가능한 이유는 반드시 원의 중심을 향하는 구심력이라는 힘이 있기 때문입니다. 예를 들어, 해머던지기 선수가 중심에서 해머를 돌릴 때, 와이어 끝에 붙어 있는 포환에는 중심을 향하는 와이어의 장력(구심력)이 작용합니다. 구심력이 당기는 힘이라면 나가려는 힘으로 원심력이 있는데 실제로 원심력은 가상의 힘이므로 구심력에 대응된다고 할 수 없습니다.

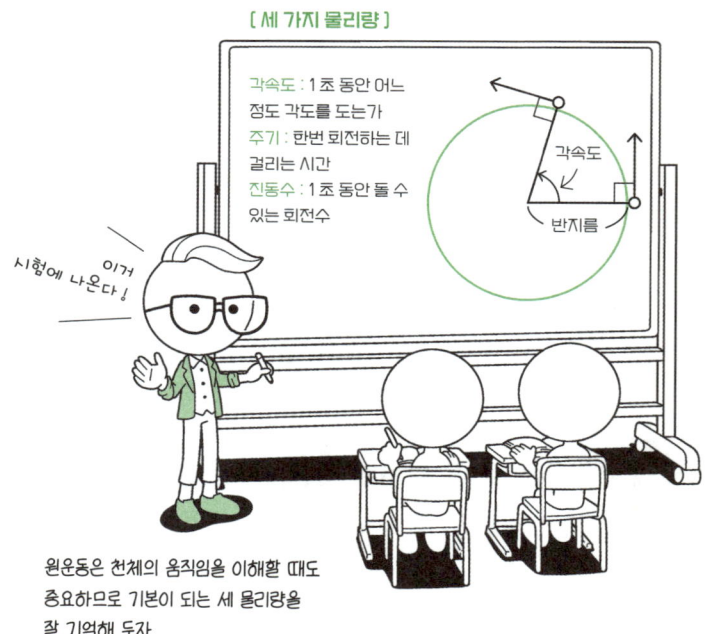

[세 가지 물리량]

각속도 : 1초 동안 어느 정도 각도를 도는가
주기 : 한번 회전하는 데 걸리는 시간
진동수 : 1초 동안 돌 수 있는 회전수

각속도
반지름

이거 시험에 나온다!

원운동은 천체의 움직임을 이해할 때도 중요하므로 기본이 되는 세 물리량을 잘 기억해 두자.

단진동

제창자	갈릴레오 갈릴레이 등
제창된 해	16세기
관련 용어	운동 에너지, 위치 에너지

FILE.
014

간다!

던져!

위치 에너지

자!

오케이!

운동 에너지

나이스!

다시 간다!

위치 에너지

진자의 움직임을 물리학에서는 단진동이라고 한다. 갈릴레오는 추의 질량과
관계없이 추가 움직이는 시간은 일정하다는 사실을 발견했다.

여러분은 푸코의 진자(→130쪽) 실험을 알고 계시나요? 줄을 길게 만들어 주기를
길게 한 진자를 오랫동안 진동하게 해 지구의 자전을 관측한 실험입니다. 진자는 물
리학에서 말하는 단진동이라는 현상을 반복하는 장치로, 질량이나 진폭과 상관없이
일정한 주기로 흔들립니다. 이 원리는 추가 좌우 어느 한쪽 끝에 있을 때 위치 에너
지를 가지며, 중력에 의해 아래로 이동했을 때 운동 에너지가 되고, 반대쪽 끝까지
움직일 때 다시 위치 에너지가 축적되어 정지한 다음 다시 아래로 이동해 반복하는
것입니다. 이 움직임이 일정하므로 진자는 시계에도 사용됩니다.

만유인력

제창자	아이작 뉴턴
제창된 해	1687년
관련 용어	운동 방정식, 자유 낙하, 원운동

FILE.
015

물리를 잘 모르는 사람이라도 뉴턴이 나무에서 떨어지는 사과를 보고 만유인력을 발견했다는 이야기는 알고 있을 것입니다. 이 일화 자체는 허구일 가능성이 크지만, 뉴턴은 실제로 '왜 사과는 떨어지는데 달은 떨어지지 않을까'라고 의문을 가졌다고 합니다. 여기서 뉴턴은 달은 계속 낙하하지만 지구와 서로 끌어당긴다는 사실을 발견하고 이론을 정립해 갔습니다. 뉴턴은 서로 끌어당기는 이 힘은 달과 지구뿐만 아니라 이 세상에 있는 모든 물체에 작용한다고 생각해 만물이 가지는 인력이라는 의미로 만유인력이라고 이름 붙였습니다.

사과

떨어지는데…

사과는

뉴턴

달

왜 달은 떨어지지 않는 거지?

뉴턴은 나무에서 떨어지는 사과를 보고
달은 왜 떨어지지 않는지 궁금해 하다가
만유인력의 존재를 깨달았다.

만유인력은 질량을 가지는 물체에는 반드시 존재하고, 두 물체는 서로 끌어당깁니다. 예를 들면 여러분과 어떤 물체 사이에도 만유인력이 작용합니다. 단, 만유인력을 나타내는 상수는 매우 작아 평소 생활에서는 느낄 수 없습니다. 만약 인간이 만유인력을 느낀다면 상대방 물체는 적어도 천체와 비슷한 질량을 가진다는 계산이 됩니다. 우리가 평소에 느끼는 만유인력은 지구와 사람 사이에 작용하는 중력뿐입니다. 흔히 만유인력 = 중력이라고 해석하는데, 이는 중력이 만유인력을 나타내는 알기 쉬운 예의 하나이기 때문입니다.

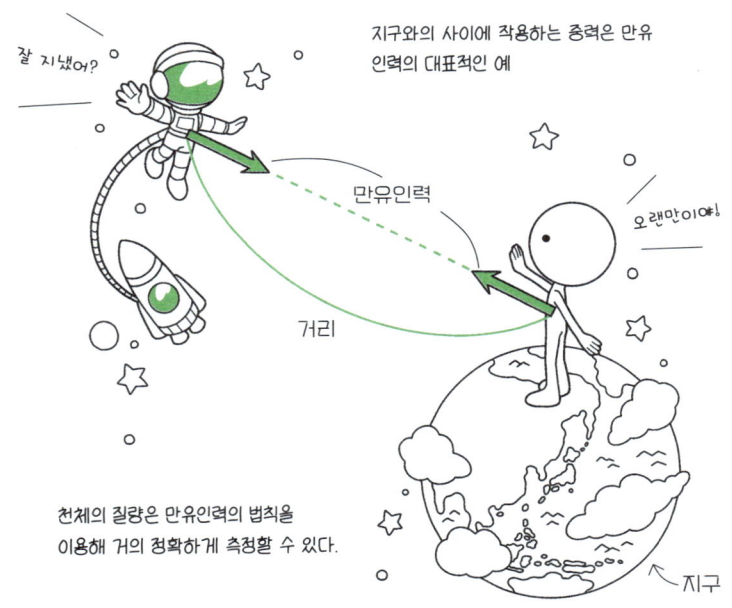

지구와의 사이에 작용하는 중력은 만유인력의 대표적인 예

잘 지냈어?

만유인력

오랜만이야!

거리

천체의 질량은 만유인력의 법칙을 이용해 거의 정확하게 측정할 수 있다.

지구

두 물체에 작용하는 만유인력은 각 물체의 질량에 비례하고 물체 사이의 거리 제곱에 반비례합니다. 이것을 뉴턴은 만유인력의 법칙이라고 했습니다. 이 법칙을 이용하면 각 물체가 가지는 질량과 서로 간의 거리만 알아도 만유인력의 크기를 알 수 있습니다. 또, 이 식을 이용해 물체의 질량을 역산할 수도 있습니다. 지구 같은 천체의 질량은 만유인력의 법칙으로 대략 계산할 수 있습니다.

우주 속도

제창자	아이작 뉴턴
제창된 해	17세기
관련 용어	운동 방정식, 원운동, 만유인력

FILE.
016

뉴턴의 운동 방정식은 정말 많은 발견을 끌어냈습니다. 그중 하나가 우주 속도입니다. 우주 속도는 제1에서 제3까지 있고, 각각 다른 내용을 담고 있습니다. 먼저 제1우주 속도는 지구상에서 강속구를 던졌을 때 던진 공이 뒤에서 날아와 자신을 맞추는 속도를 말합니다. 시속 약 2만 8,400㎞가 필요합니다. 제2우주 속도는 지구상에서 수직 위로 공을 던져 공이 우주 공간으로 나갈 수 있는 속도를 말하는데 시속 약 4만 300㎞입니다. 제2우주 속도는 우주 왕복선의 속도를 설정하는 데 응용됩니다. 제3우주 속도는 제2우주 속도와 비슷한데 태양의 중력을 벗어나는 데 필요한 속도입니다. 무려 시속 약 6만 100㎞나 됩니다.

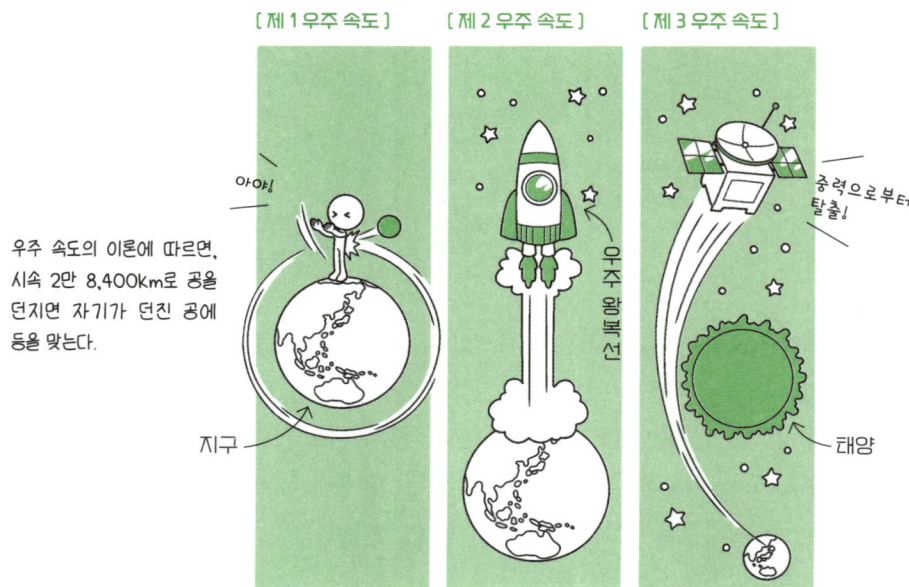

[제 1 우주 속도]　　[제 2 우주 속도]　　[제 3 우주 속도]

우주 속도의 이론에 따르면,
시속 2만 8,400km로 공을
던지면 자기가 던진 공에
등을 맞는다.

아야!

지구

우주 왕복선

중력으로부터 탈출!

태양

슈바르츠실트 반지름

FILE.
017

| 제창자 |= 칼 슈바르츠실트
| 제창된 해 |= 1916년
| 관련 용어 |= 운동 방정식, 우주 속도

제2우주 속도는 '탈출 속도'라고도 하는데, 중력에서 벗어나기 위한 속도라고 할 수 있습니다. 그러면 제2우주 속도가 광속보다 빠른 천체(별 등)가 있다면 어떻게 될까요? 광속은 초속 약 30만㎞인데, 현재 물리학에서는 이보다 빠른 물체는 없다고 봅니다. 그러므로 제2우주 속도가 광속보다 빠르다는 말은 그 천체에서 절대로 벗어날 수 없다는 뜻입니다. 그런 천체가 있다면 반지름이 어느 정도일지 생각하고 계산한 값이 슈바르츠실트 반지름입니다. 지구의 경우, 질량이 반지름 8㎜ 안에 압축된다면 탈출할 수 없다는 계산이 나옵니다.

보통의 지구

다녀올게요!

반지름 8㎜인 지구

으악, 발사할 수가 없어!

지구가 질량은 그대로인 채로 반지름이 8㎜ 이하가 되면 누구도 탈출할 수 없게 된다.
이 슈바르츠실트 반지름의 개념은 블랙홀의 특징을 보여준다.

케플러 법칙

제창자	요하네스 케플러, 튀코 브라헤
제창된 해	1609~1619년
관련 용어	천동설, 지동설, 행성

FILE. 018

뉴턴 이전에도 천체의 운동을 설명하려는 과학자가 있었습니다. 그중 케플러가 발견한 세 법칙은 천체 운동을 해명하는 데 중요한 초석이 되었습니다.

케플러 제1법칙: 행성은 태양을 한 초점으로 하는 타원 궤도를 그린다.

케플러 제2법칙: 행성과 태양을 잇는 선분으로 나타내는 면적 속도는 일정하다.

케플러 제3법칙: 행성의 공전 주기의 제곱은 타원 궤도의 긴반지름의 세제곱에 비례한다.

케플러 법칙은 나중에 뉴턴이 확립한 운동 방정식 등의 역학으로 증명되었습니다. 케플러는 방대한 천체 관측 데이터를 이용해 현재 핼리 혜성으로 알려진 혜성을 관측하는 등, 수많은 공적을 남겼습니다.

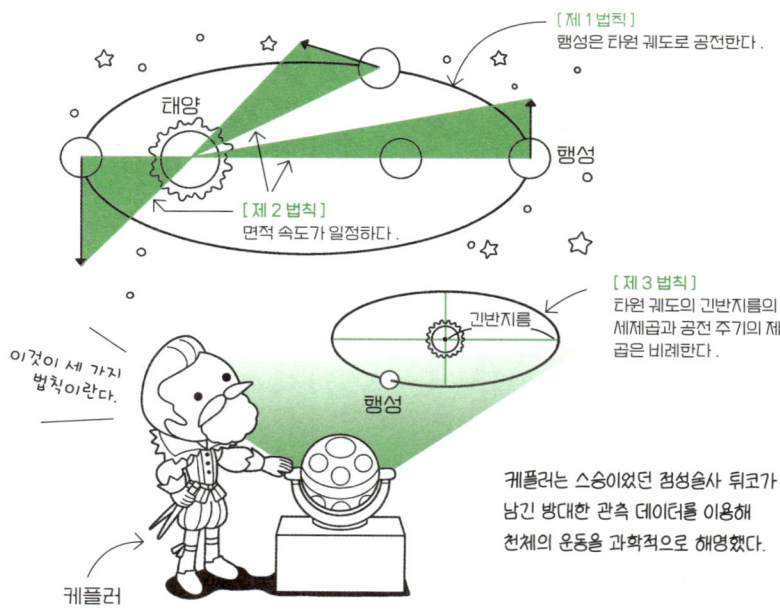

[제1법칙]
행성은 타원 궤도로 공전한다.

태양

행성

[제2법칙]
면적 속도가 일정하다.

[제3법칙]
타원 궤도의 긴반지름의 세제곱과 공전 주기의 제곱은 비례한다.

긴반지름

행성

이것이 세 가지 법칙이란다.

케플러

케플러는 스승이었던 첨성술사 튀코가 남긴 방대한 관측 데이터를 이용해 천체의 운동을 과학적으로 해명했다.

돌림힘

제창자 ▶ 아이작 뉴턴, 레오나르도 다빈치 등
제창된 해 ▶ 17세기
관련 용어 ▶ 운동 방정식, 중심

크기는 없으면서 질량을 가지는 물체를 질점, 질량과 크기를 가지면서 변형되지 않는 물체를 강체라고 합니다. 강체의 운동을 논의할 때는 물체를 회전시키려는 작용을 나타내는 돌림힘을 빼놓을 수 없습니다. 돌림힘은 강체를 지탱하는 회전축에서 거리와 움직이려는 힘의 크기로 정해집니다.

돌림힘의 대표 예가 문이다. 경첩 부분이 회전축이며 문의 손잡이에 힘을 걸어 회전 작용을 일으킨다.

문[=강체]

경첩[=회전축]

회전 작용

무게 중심

제창자 ▶ 아르키메데스 등
제창된 해 ▶ 기원전 3세기 무렵
관련 용어 ▶ 운동 방정식, 지레의 원리

일상에서도 사용하는 단어지만, 과학에서는 질량의 평균 위치라고 정의합니다. 주로 강체를 기준으로 생각하는데, 무게로 균형을 잡을 수 있는 위치에 있는 것이 무게 중심입니다. 무게 중심을 받치면 다른 부분의 중력을 버틸 수 있으므로, 건축 분야 등에서 무척 중요한 요소입니다.

[무게 중심이 잘 잡히지 않으면]

무거워!

무게 중심은 고대 그리스의 아르키메데스가 최초로 발견했다고 한다. 나중에 운동 방정식 등으로 원리가 밝혀졌다.

[무게 중심이 잘 잡히면]

편한데!

아르키메데스의 원리

FILE.
021

제창자	아르키메데스
제창된 해	기원전 3세기
관련 용어	유체 역학, 파스칼의 원리, 베르누이의 정리

역학은 다양한 분야에서 활용되는데, 그중에서도 공기와 물이라는 유체의 운동에 초점을 두는 학문을 유체 역학이라고 합니다. 이 분야에서 가장 유명한 법칙이 '아르키메데스의 원리'입니다. 유체 속에 잠겨 있는 물체는, 물체가 밀어낸 유체와 똑같은 무게로 위를 향하는 부력을 받습니다. 있는 힘껏 수영장에 뛰어 들어갈 때 몸이 조금 떠오르는 듯이 느껴지는데, 이 현상을 과학적으로 설명한 내용입니다. 아르키메데스가 기초를 다진 유체 역학은 17~18세기가 되어 수압의 특징을 증명한 파스칼의 원리, 물의 운동을 해명한 베르누이의 정리가 발견되면서 크게 발전했습니다.

뛰어내릴게요!

떠올랐다!

아르키메데스는 물이 가지는 부력을 발견했다. 나중에 파스칼과 베르누이라는 물리학자가 유체의 힘과 운동을 밝혀내 유체 역학이 발전했다.

아르키메데스의 원리

고전 물리학과 현대 물리학의 차이

<table>
<tr><td>우</td></tr>
</table>

우 리는 '물리적으로'라는 말을 자주 씁니다. 예를 들어 투수가 던진 공을 타자가 쳐낼 때 거기에 반발력이 더해져 공이 앞으로 날아가는 모습을 보고 물리적인 현상이라고 하지요. 하지만 이것은 어디까지나 고전 물리학의 이야기입니다. 현대 물리학에서는 공이 앞으로 날아가지 않는 현상도 물리적이라고 합니다.

현대 물리학에서는 '물리적'이라는 상식이 통용되지 않는다고?

일상생활에서 접하는 물리학적 현상의 기본 법칙은 뉴턴의 운동 방정식을 시작으로 19세기까지 거의 완성되었습니다. 바로 고전 물리학입니다. 주로 눈에 보이는 물체의 운동과 에너지의 이동을 다루는 분야라고 생각하면 됩니다.

반면 현대 물리학은 주로 상대성 이론이나 양자 역학 등 20세기 이후에 발전한 분야를 일컫습니다. 광속에 가까운 속도로 움직이는 현상, 천문학적으로 강한 중력을 받는 물체, 또는 초미시 양자의 세계에서 필요한 법칙 등을 다룹니다. 이런 현상은 일상생활과는 별로 관계가 없

고전 물리학을 대표하는 아이작 뉴턴(1643~1727).

다고 생각하기 쉽지만 사실 반도체(→220쪽)나 LED(→224쪽)처럼 주변에서 흔히 쓰는 사물에 응용되기도 합니다. 또, 터널 효과(→225쪽)도 있지요. 물체가 장벽을 빠져나갈 가능성이 있는 현상을 말합니다. 말도 안 되게 낮은 확률이지만, 현대 물리학 법칙에서는 공이 배트를 빠져나갈 수도 있습니다.

2장

기체의 힘을 이해한다! 열역학

INTRODUCTION

열 현상을 역학에 적용해 생각한다!

우리는 평소에 열과 온도를 피부로 느끼고, 수치화해서 봅니다. 이 열 현상을 역학적으로 해명하려는 학문이 열역학입니다. 원래 열 현상은 역학과 따로 고려되었습니다.

역학과 열역학을 굳이 나눈 이유는 역학이 눈에 보이는 사람이나 물체를 대상으로 하는 데 비해, 열역학은 기체나 액체를 구성하는 원자나 분자와 같은 입자의 움직임을 대상으로 하기 때문입니다. 그래서 열역학을 다입자계 역학이라고 부르기도 합니다.

입자의 운동을 확률 통계론으로 파악한다

열의 정체는 도대체 무엇일까요? 정답은 '에너지'입니다. 뜨거운 물에 차가운 얼음을 넣으면 얼음은 반드시 녹아서 대략 뜨거운 물과 얼음의 중간 온도가 됩니다. 열역학에서는 이 열 현상을 개별 입자의 움직임(에너지)으로 봅니다.

반면, 입자는 눈에 보이지 않기 때문에 각각의 운동 모습은 알 수 없습니다. 그래서 '뜨거운 물에 얼음을 넣으면 차가워지는' 현상이 거의 100% 일어난다는 확률 통계론으로 생각합니다.

열의 개념

뜨거운 커피   얼음   차가운 커피

80℃   10℃   40℃

건네받은 무엇 = 열

열은 물체 사이에 건네받은 에너지를 나타낸단당

열과 온도의 정의는 무엇이 다를까?

열과 온도의 차이를 아시나요? 의식한 적은 별로 없겠지만, 엄밀히 말하면 정의가 서로 다릅니다. 열은 어디까지나 물체(입자) 간에 주고받는 것입니다. 뜨거운 물에 얼음을 넣었을 때, 서로 무언가를 주고받아 중간 온도가 된다고 생각했습니다. 반면 온도는 그 물체가 어느 정도 뜨겁고 차가운지를 나타내는 지표로, 그 물체를 구성하는 입자의 운동 에너지를 가리킵니다. 참고로 뜨거우면 운동 에너지가 높고, 차가우면 낮습니다.

온도를 나타내는 수치로 일상생활에서는 주로 셀시우스 온도(℃)를 사용하는데, 사실 온도를 알기 쉽게 100등분 했을 뿐, 정확한 값이라고 할 수 없습니다. 그러므로 열역학에는 켈빈이 제창한 절대 온도(K)라는 단위를 사용합니다. 분자가 움직이지 않는 절대 온도는 0K로, 셀시우스 온도로는 -273℃입니다.

POINT

▸열역학은 열 현상을 작은 입자의 운동으로 본다.
▸열은 물체 사이에서 주고받는 에너지이다.
▸온도는 물체를 구성하는 입자의 운동 에너지를 뜻한다.

셀시우스 온도(섭씨)

FILE.
022

제창자	안데르스 셀시우스
제창된 해	1742년
관련 용어	화씨, 절대 온도, 볼츠만 상수

온도의 지표로 일상생활에서는 셀시우스 온도를 주로 사용합니다. 섭씨라고도 표현하지요. 스웨덴의 천문학자인 셀시우스가 고안한 단위로 어는점(물이 얼음이 되는 온도)을 0℃, 끓는점(물이 끓는 온도)을 100℃로 정의합니다. 온도를 나타내는 지표에는 섭씨 외에 화씨도 있는데 여기서는 어는점을 32℉, 끓는점을 212℉라고 정해 두었습니다. 셀시우스 온도는 온도의 지표를 다루기 쉽게 0~100으로 나누어두었을 뿐입니다. 그래서 사실 그다지 과학적이라고는 할 수 없어, 역학적으로 온도를 이해하고자 할 때는 주로 절대 온도를 사용합니다.

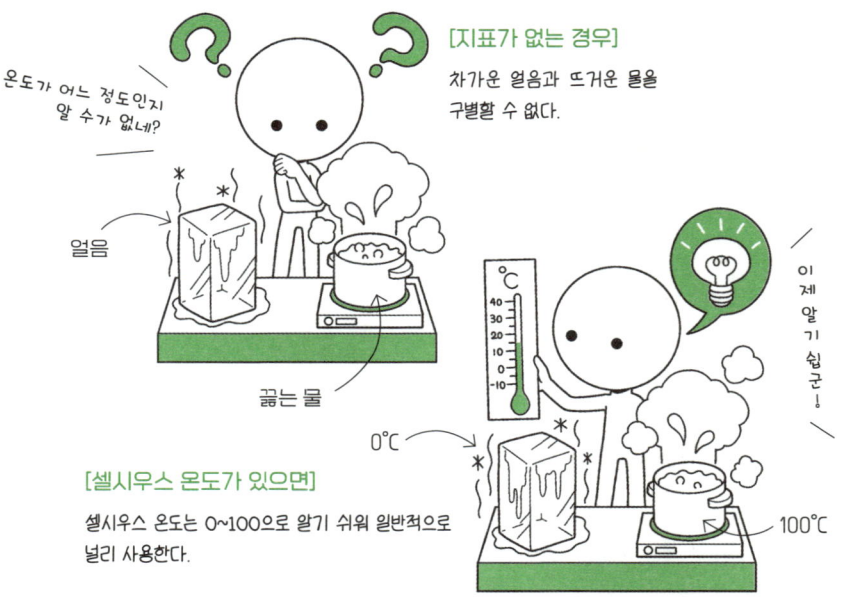

[지표가 없는 경우]
차가운 얼음과 뜨거운 물을 구별할 수 없다.

온도가 어느 정도인지 알 수가 없네?

얼음

끓는 물

이제 알기 쉽군!

0℃

[셀시우스 온도가 있으면]
셀시우스 온도는 0~100으로 알기 쉬워 일반적으로 널리 사용한다.

100℃

절대 온도

FILE. 023

제창자	윌리엄 톰슨
제창된 해	1848년
관련 용어	셀시우스 온도, 볼츠만 상수

[물이 뜨거울 때]

앗, 뜨거!

[차가운 물을 넣는다]

찬물을 넣자!

[에너지가 균일해져 열이 식는다]

딱 좋은 온도네.

뜨거운 물에 찬물을 넣으면 적당한 온도가 되는 이유는 열 에너지의 운동이 균일화되기 때문이다.

　물체의 온도를 조금 더 역학적으로 정의한 단위가 절대 온도입니다. 영국의 물리학자인 톰슨이 제창했으며 온도를 운동 에너지로 재인식했습니다. 뜨거운 물체는 구성하는 분자가 격렬하게 움직여 운동 에너지가 크며, 차가운 물체는 분자의 움직임이 느려 운동 에너지가 작습니다. 즉 열의 정체는 에너지이며, 뜨거운 물체와 차가운 물체가 합쳐지면 각각의 에너지의 운동이 균일해지기 위해 열이 식어 갑니다. 단위는 K(켈빈)로 표기하는데, 윌리엄 톰슨이 자신이 살던 글래스고의 켈빈강에서 이름을 딴 '켈빈 경'으로 불린 데서 유래되었습니다.

볼츠만의 원리

FILE. 024

제창자	루트비히 볼츠만
제창된 해	1877년
관련 용어	전열, 열전도, 볼츠만 상수, 엔트로피

열에너지의 이동은 열역학의 기초이며, 전열이나 열전도라고 부르기도 합니다. 뉴턴의 운동 방정식을 바탕으로 후세에 수많은 과학자가 연구를 계속했는데, 그중한 사람이 오스트리아의 물리학자인 볼츠만입니다. 볼츠만은 열 현상을 통계적으로 재확립하고 볼츠만의 원리라는 개념을 제창했습니다. 그중에서도 기체의 운동 에너지가 온도에 따라 어떻게 변화하는지를 나타내는 볼츠만 상수라는 값을 고안한 일이 큰 공적입니다. 볼츠만 상수 덕분에 '무질서의 정도를 나타내는 값'으로도 불리는 엔트로피를 열역학적으로 해석할 수 있었습니다.

엔트로피를 나타내는
좌표의 예

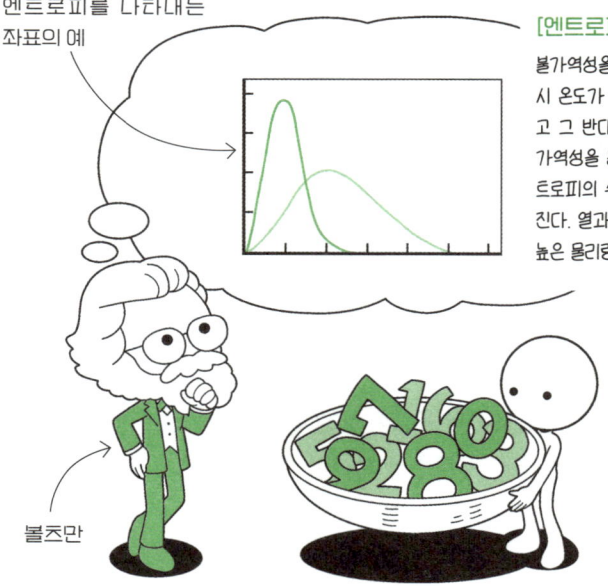

볼츠만

[엔트로피란?]
불가역성을 나타내는 개념이다. 열은 반드시 온도가 높은 쪽에서 낮은 쪽으로 이동하고 그 반대는 일어나지 않는다. 이것은 '불가역성을 동반하는 현상'으로 정의하며, 엔트로피의 수치가 높을수록 불가역성이 높아진다. 열과 마찬가지로 시간도 엔트로피가 높은 물리량이라고 본다.

볼츠만의 원리로 엔트로피라는 개념을 파악하면서 물리학 연구가 더욱 발전했다.

비열

제창자	조지프 블랙
제창된 해	불명
관련 용어	절대 온도, 열용량

FILE.
025

어떤 물질 1g의 온도를 1K(켈빈) 올리는 데 필요한 열량을 나타내는 값입니다. 비열은 물질에 따라 고유의 값을 가집니다. 철의 비열은 0.45고, 물은 4.2입니다. 이 값이 클수록 데우기 어렵고 식히기도 어렵습니다. 즉, 물은 철보다 데우기 어렵습니다.

냉비에서 물을 끓일 때, 냉비가 먼저 뜨거워지는 이유는 비열이 다르기 때문이다.

열용량

제창자	조지프 블랙
제창된 해	불명
관련 용어	절대 온도, 비열

FILE.
026

비열과 마찬가지로 어떤 물체의 온도를 1K(켈빈) 올리는 데 필요한 열량을 나타내는 값입니다. 다만, 비열은 '순물질'에 사용하고 열용량은 '혼합물'에 사용합니다. 예를 들어, 카레는 물뿐 아니라 조미료나 루 등이 섞여 있기 때문에 단순히 비열이 아니라 열용량으로 생각해야 합니다.

카레
=혼합물

카레는 고기나 채소가 섞여 있는 혼합물이므로 열용량을 사용한다.

이상 기체

제창자	로버트 보일 등
제창된 해	17~19세기
관련 용어	보일-샤를 법칙, 상태 방정식, 내부 에너지

FILE.
027

열에 의한 에너지 현상을 해석할 때, 고체나 액체는 분자끼리 서로 결합해 있고 움직이는 방법이 매우 복잡하므로 계산도 어렵습니다. 그래서 열역학에서는 열 현상을 분자가 완전히 자유롭게 돌아다니는 상태인 기체로 생각합니다. 여기서 이상 기체라는 개념을 사용합니다. 엄밀히 말하면 기체도 분자끼리 결합하는 방법이나 분자의 크기 등에 차이가 있습니다. 그래서 분자의 크기도 무시하고 완전히 자유롭게 움직이는 상태를 이상 기체로 가정합니다. 정리하면, 이상 기체는 열 현상을 이해하기 위해서 만들어졌을 뿐, 실재하지 않는 가상의 기체이며 계산을 편리하게 해줍니다.

우리는 자유다!

자유롭게 움직이는 분자

실린더

가상의 존재일 뿐이지만 말이지

이상 기체

현실에는 실재하지 않지만 산소나 질소, 헬륨 등이 이상 기체에 가깝다고 본다.

보일-샤를 법칙

제창자	로버트 보일, 자크 샤를
제창된 해	17~19세기
관련 용어	이상 기체, 상태 방정식, 내부 에너지

FILE.
028

기체는 부피, 압력, 절대 온도, 분자의 수(물질량) 사이의 관계를 기준으로 생각합니다. 이상 기체는 분자가 완전히 자유로우므로 물질량이 항상 일정하다고 가정합니다. 1662년, 영국의 보일은 절대 온도가 일정할 때, 압력과 부피를 곱한 값은 일정하다는 법칙을 발견했습니다. 그로부터 약 130년이 지나, 이번에는 프랑스의 샤를이 압력이 일정할 때, 부피를 온도로 나눈 값은 일정하다는 사실을 증명했습니다. 이 두 법칙을 하나로 모아 보면, 기체의 부피는 압력에 반비례하고, 온도에 비례한다는 것입니다. 이것이 보일-샤를 법칙입니다. 이 개념은 기체의 성질과 열역학의 기본입니다.

[두 사람이 각자 연구한 내용을]

보일

샤를

[하나로 모아 법칙으로 만들었다!]

보일과 샤를이 각자 발견한
두 법칙을 합쳐 열역학의
발전을 이루어냈다.

해냈어!

잘했어!

상태 방정식

제창자	로버트 보일, 자크 샤를
제창된 해	17~19세기
관련 용어	이상 기체, 보일-샤를의 법칙, 내부 에너지

FILE.
029

상태 방정식은 보일-샤를의 법칙에서 도출했습니다. 상태 방정식은 이상 기체에 적용하며, 이 방정식을 발전시키면 기체의 분자량을 계산할 수 있습니다. 즉, 상태 방정식은 이상 기체라는 가상의 기체를 이용해 도출한 방정식이면서 실재하는 기체의 분자량을 계산하기 위해서도 활용합니다. 이 개념은 열역학을 발전시키고 현재의 기계 공학 등에도 폭넓게 활용합니다. 기체의 변화를 방정식으로 계산하므로 논리적으로 열에너지의 움직임을 이해하게 되었습니다.

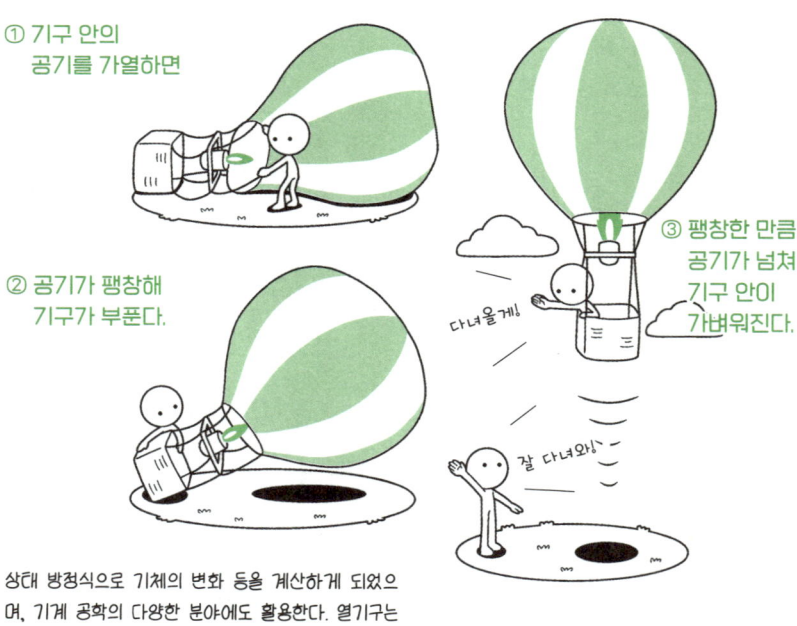

① 기구 안의 공기를 가열하면

② 공기가 팽창해 기구가 부푼다.

③ 팽창한 만큼 공기가 넘쳐 기구 안이 가벼워진다.

다녀올게!

잘 다녀와!

상태 방정식으로 기체의 변화 등을 계산하게 되었으며, 기계 공학의 다양한 분야에도 활용한다. 열기구는 그 대표 예다.

내부 에너지

FILE. 030

제창자	윌리엄 톰슨
제창된 해	19세기
관련 용어	상태 방정식, 열역학 제1법칙

분자가 가지는 운동 에너지의 합을 내부 에너지라고 합니다. 분자가 가진 에너지의 양을 뜻하는데, 운동 에너지나 위치 에너지와 달리 인간이 지각하기 어려울 정도로 매우 미시적인 에너지입니다. 원래는 다양한 조건이 겹치므로 계산이 복잡하지만, 이상 기체로 생각하면 비교적 값을 쉽게 구합니다. 자세한 계산은 생략하지만, 이렇게 만들어진 식에서 내부 에너지는 온도에 비례한다는 성질을 알 수 있습니다. 따라서 상태 방정식을 이용해 온도를 구하고 그 분자가 가지는 내부 에너지를 추측합니다.

[온도가 낮으면 에너지가 작다]

내부 에너지는 분자가 가지는 에너지를 말하며, 온도에 비례한다.

느긋하게 하자.

[온도가 높으면 에너지가 크다]

의욕 충전!

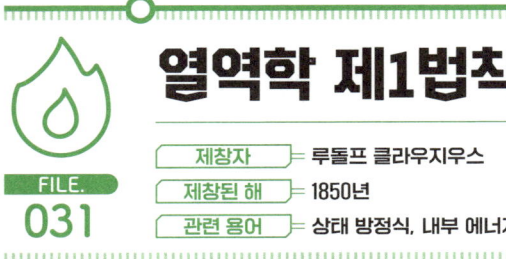

열역학 제1법칙

FILE.
031

제창자 ▶ 루돌프 클라우지우스
제창된 해 ▶ 1850년
관련 용어 ▶ 상태 방정식, 내부 에너지

[실린더 내부의 이상 기체를 가열한다]

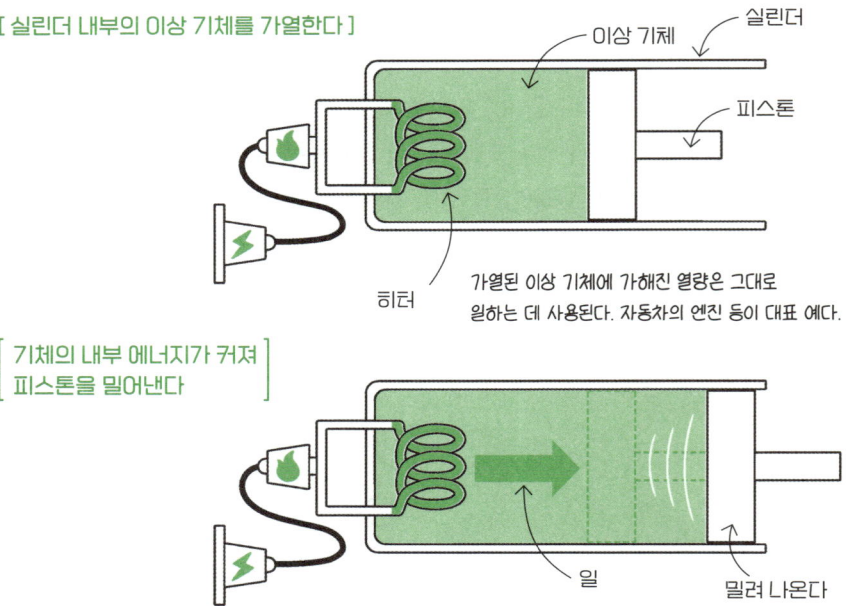

이상 기체

실린더

피스톤

히터

가열된 이상 기체에 가해진 열량은 그대로 일하는 데 사용된다. 자동차의 엔진 등이 대표 예다.

[기체의 내부 에너지가 커져 피스톤을 밀어낸다]

일

밀려 나온다

　열역학 제1법칙이란 에너지는 스스로 늘거나 줄지 않는다는 점을 정식화한 것입니다. 위 그림은 어떤 물질의 외부에서 열에너지나 역학적 에너지(→23쪽)를 가했을 때 에너지의 출입을 보여줍니다. 실린더 안에 들어 있는 이상 기체를 히터로 가열했다고 생각해 봅시다. 이때 가열된 기체는 히터에서 받은 열량만큼 내부 에너지가 커져, 실린더를 누르던 피스톤을 밀어내는 일을 합니다. 이 법칙을 활용해 자동차의 엔진을 만들었습니다. 엔진은 휘발유를 태워 얻은 에너지를 피스톤을 움직이는 힘으로 바꾸는 역할을 합니다.

기상을 측정하는 기준, 기체의 질량

기 체의 상태 방정식을 활용하기 위해서는 분자 간에 힘이 작용하지 않는 이상 기체를 이용해야 합니다. 하지만, 실재하는 기체에는 분자 간에 힘이 작용하며, 부피도 있습니다. 이런 물체의 특징은 밀도와 비중 등으로 나타납니다.

비중과 밀도에 따라 다른 특징

공기는 온도가 높으면 부피가 커지는 특징이 있습니다. 무게(질량)가 변하지 않고 부피가 커지면 밀도가 낮아집니다. 반대로 온도가 낮으면 부피가 작아지므로 밀도가 높아집니다. 비중은 물을 기준으로 부피와 질량의 비를 나타낸 값입니다. 아래 표는 실재하는 주요 기체의 밀도와 비중을 보여줍니다. 밀도가 낮은 기체는 밀도가 높은 기체보다 위로 갑니다. 즉, 차가운 공기와 따뜻한 공기가 함께 있으면 따뜻한 공기는 가벼워서 위로 올라가고, 차가운 공기는 무거워서 아래로 내려갑니다. 이 성질이 기상을 측정할 때 사용하는 기본 법칙입니다.

• 고전 물리학에서 다루는 힘의 종류

기체	밀도	비중	기체	밀도	비중
공기	1.293	1.293	아세틸렌	1.173	0.907
수증기(100℃)	0.598	0.598	아르곤	1.784	1.380
수소	0.0899	0.0899	암모니아	0.771	0.597
질소	1.250	1.250	에탄	1.356	1.049
이산화탄소	1.977	1.977	에틸렌	1.260	0.974
산소	1.429	1.429	일산화탄소	1.250	0.967

등적 과정

FILE.
032

제창자	루돌프 클라우지우스 등
제창된 해	19세기 이후
관련 용어	상태 방정식, 내부 에너지, 열역학 제1법칙

열역학 제1법칙에 따라 기체는 에너지의 출입으로 상태가 바뀐다는 사실을 알게 되었습니다. 이러한 기체의 변화 중에서도 부피가 일정한 변화 과정을 등적 과정이라고 합니다. 등적 과정에서는 피스톤에 의해 용기 안에 밀려 들어간 기체의 부피가 바뀌지 않기 때문에 48쪽에서 설명했듯이 일을 하지는 못하고, 분자의 내부 에너지만 증가하게 됩니다.

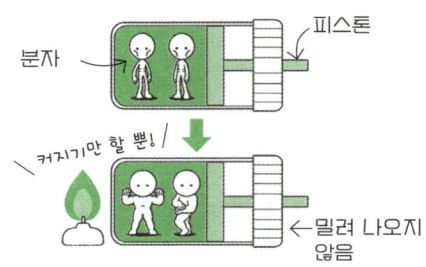

분자 / 피스톤 / 커지기만 할 뿐! / 밀려 나오지 않음

용기 내의 기체를 가열해도 부피가 변하지 않아 외부로 일이 되지 않는 변화.

등압 과정

FILE.
033

제창자	루돌프 클라우지우스 등
제창된 해	19세기 이후
관련 용어	상태 방정식, 내부 에너지, 열역학 제1법칙

기체의 압력이 일정한 변화 과정을 말합니다. 앞에서 설명한 등적 과정에서는 피스톤이 밀려 나오지 않았지만, 등압 과정에서는 증가한 열량이 일로 바뀌므로 서서히 피스톤이 밀려 나갑니다. 가해진 열량 일부가 일이 되고, 나머지는 내부 에너지로 변화합니다.

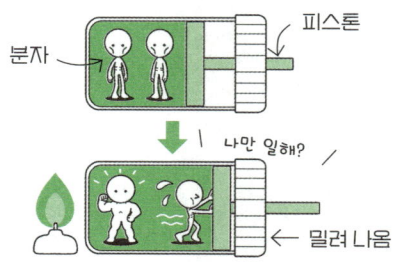

분자 / 피스톤 / 나만 일해? / 밀려 나옴

등압 과정에서는 기체의 압력이 일정하므로 압력에 의해 피스톤이 밀려 나온다.

등온 과정

제창자	루돌프 클라우지우스 등
제창된 해	19세기 이후
관련 용어	상태 방정식, 내부 에너지, 열역학 제1법칙

FILE. 034

온도가 일정한 기체의 변화 과정을 말합니다. 온도가 일정하므로 열역학 제1법칙에 따라 내부 에너지도 일정합니다. 즉, 내부 에너지는 증가하지 않고 모두 일로 변하므로 가해진 열이 모두 눌러져 있던 피스톤을 밀어내는 힘으로 바뀝니다.

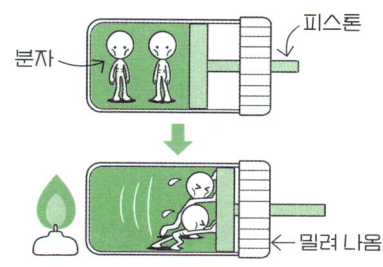

가해진 힘은 내부 에너지로 작용하지 않고 모두 일로 변환된다.

단열 과정

제창자	루돌프 클라우지우스 등
제창된 해	19세기 이후
관련 용어	상태 방정식, 내부 에너지, 열역학 제1법칙

FILE. 035

단열 과정은 문자 그대로 열을 차단한 상태의 변화 과정입니다. 이 변화에서는 받은 열이 0입니다. 단열 상태에서 압축되면 온도가 올라가고, 팽창하면 온도가 내려갑니다. 기상에서 자주 일어나는 현상으로, 눈(→137쪽)이 생기는 과정이나 푄 현상(→147쪽) 등이 전형적인 예로 알려져 있습니다.

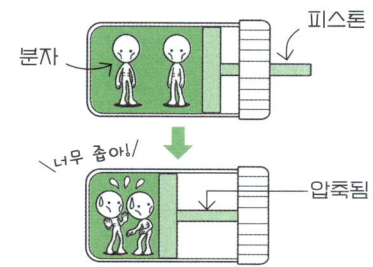

단열 과정은 열의 출입이 없는 상태로 부피와 온도의 변화가 있다.

기체 분자 운동론

제창자	제임스 맥스웰, 루돌프 클라우지우스 등
제창된 해	18~19세기
관련 용어	열역학 제1법칙, 볼츠만의 원리, 엔트로피 증가 법칙

FILE.
036

뜨거운 물과 차가운 물을 섞으면 온도가 균일해지는 것이 엔트로피 증가의 법칙!

병뚜껑이 왜 열리지 않는지에 대한 의문을 해결하기 위해 볼츠만은 엔트로피 증가 법칙에 주목했다.

엔트로피 증가 법칙으로 기체의 평형 상태를 설명할 수 없을까?

뜨거운 물

찬물

분자

볼츠만

앞에서 설명했듯이 기체의 운동에 의해 용기에는 압력이 생깁니다. 이 압력 때문에 용기에 어떤 변화가 일어나는 것은 거시적인 움직임이지만 압력의 원인은 분자의 움직임이라고 보는 이론을 기체 분자 운동론이라고 합니다. 아무것도 들어 있지 않은 병이 있다고 해봅시다. 그러나 이 병 안에는 당연하게도 기체가 들어 있습니다. 우리가 보기에는 당연한 일이지만 과거 과학자들은 '왜 병뚜껑이 닫혀 있고, 그대로 평형 상태를 유지하고 있을까'라는 의문을 가졌습니다. 그리고 이 기체의 평형 상태를 설명하는 데 정말 긴 시간이 걸렸습니다.

평형 상태를 설명하기 위해 볼츠만은 클라우지우스가 1865년에 발견한 엔트로피 증가 법칙에 주목했습니다. 엔트로피 증가 법칙은 100℃인 철과 50℃인 철을 접촉하게 하면, 고온 쪽에서 저온 쪽으로 열이 이동해 전체가 균일해진다는 법칙을 말합니다. 후에 볼츠만의 원리로서 이론적으로 설명되었으며, 맥스웰이 이 주장을 지지했습니다. 맥스웰은 볼츠만의 생각에 동조해 열역학적으로 평형 상태에 있는 기체에 관한 기체 분자의 속도 분포를 정리했습니다. 이것은 후세에 맥스웰 볼츠만 분포로 알려졌습니다.

기체 분자

한번 확산한 기체는 원래로 돌아가지 않는다는 엔트로피 증가 법칙을 주장했다. 엎지른 물은 주워 담을 수 없다는 속담과 비슷한 개념이다.

맥스웰

맥스웰은 볼츠만의 주장을 지지하고 기체 분자가 어떤 속도로 움직이는지를 분포도로 정리했다.

클라우지우스

이처럼 많은 과학자가 제안한 이론이 모여서 기체 분자 운동론이 확립되어 갔습니다. 기체 분자 운동론은 뉴턴 역학과 확률 통계론을 잘 조합한 이론으로, 열역학의 기초가 되었습니다. 그래서 열역학에는 통계 물리학의 개념이 깔려 있습니다. 분자에 대한 확률론적인 입증 방법은 우주나 양자론을 논하는 데 빼놓을 수 없습니다.

3 장

물결은 어떻게 생길까? 파동

INTRODUCTION

 ### 물결은 미세한 입자의 진동으로 생긴다!

보통 물결이라고 하면 바다나 강의 수면을 떠올리는 경우가 많을 것 같은데요, 물리학에서 다루는 파동은 수면의 물결뿐만 아니라 줄이나 현, 소리의 진동, 지진 등도 포함합니다. 진동 현상을 미세한 입자의 운동으로 생각하는 것이 파동으로, 물리학의 기초를 배우는 데 매우 중요한 분야입니다.

 ### 입자가 진동해 물결이 나아가는 듯이 보인다

파동은 입자의 진동으로 일어나는데, 파동을 전달하는 입자를 '매질'이라고 합니다. 파동 현상을 물리적으로 정의하면 매질의 진동이 공간으로 전달되는 현상입니다. 여기서 주의해야 할 부분은 파동은 어디까지나 물체가 아니라 현상이라는 점입니다. 파동의 정체는 매질의 진동이 차례로 전달되는 모습으로 관측할 수 있다고 기억해 주세요.

예를 들면 줄의 끝을 흔들면 첫 번째 파동이 산을 만들어 진행 방향으로 전달되고, 또 다음 물결이 전달되어 갑니다. 이때 실제로 움직이는 것은 매질(입자)입니다. 매질이 차례로 진동해 마치 파동이 진행하는 것처럼 보입니다.

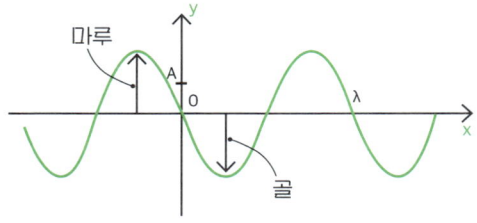

파동에서 가장 높은 곳을 마루, 가장 낮은 곳을 골이라고 하며 그 일련의 움직임을 파장이라고 한단다.

파동에는 역학적 파동과 전자기파 두 종류가 있다

　지금까지 해설한 파동의 원리는 주로 역학적 파동에 관한 내용입니다. 역학적 파동은 수면의 물결이나 현의 진동 등으로 나타내므로 머릿속에 그려보기 쉬웠겠지요. 또, 끈이나 소리를 구성하는 입자의 진동이 파동의 원인이라고 보기도 합니다.

반면 쉽게 떠올리기 어려운 파동이 전자기파입니다. 전자기파는 한 마디로 빛을 가리킵니다. 과거에 과학자들은 당연하게 빛에도 어떤 역학적인 매질이 있다고 생각했습니다. 이 가상의 매질을 에테르라고 합니다. 영국의 훅이 제창했지만, 나중에 등장한 아인슈타인의 상대성 이론 등으로 에테르는 존재하지 않는다는 사실이 밝혀졌습니다.

파동을 이해하려면 매질이 어떻게 진동하고 성질이 어떠한지 알아야 합니다. 파동의 원리는 뒤에서 설명할 원자 물리학이나 양자 역학 등에 큰 영향을 줍니다.

> POINT
>
> ▸ 파동은 수면의 물결, 끈이나 소리의 진동, 지진 등을 포함한다.
> ▸ 파동을 전달하는 입자를 매질이라고 한다.
> ▸ 전자기파(빛)는 역학적인 매질을 거치지 않고 전달되는 파동이다.

영의 간섭 실험

FILE.
037

제창자	토머스 영
제창된 해	19세기
관련 용어	빛, 굴절, 에테르

역학에서 수많은 공적을 남긴 뉴턴은 빛 = 입자설을 주장했고, 17~18세기에는 널리 받아들여졌습니다. 뉴턴과 대립하며 빛 = 파동설을 주장한 사람은 영국의 영이었습니다. 영은 광원 앞에 슬릿(빛이나 분자 따위의 너비를 조절하기 위해 주변을 가리는 틈새가 있는 스크린) 두 개를 두고 스크린에 빛을 쏘는 실험을 했습니다. 이것이 영의 간섭 실험입니다. 뉴턴의 말처럼 빛이 입자라면 빛은 직진해 스크린에 슬릿 두 개의 상이 생겨야 합니다. 하지만, 스크린에는 줄무늬가 나타났기 때문에 빛이 회절과 간섭을 한다는 사실을 알게 되었고, 빛 = 파동설이 옳음이 증명되었습니다.

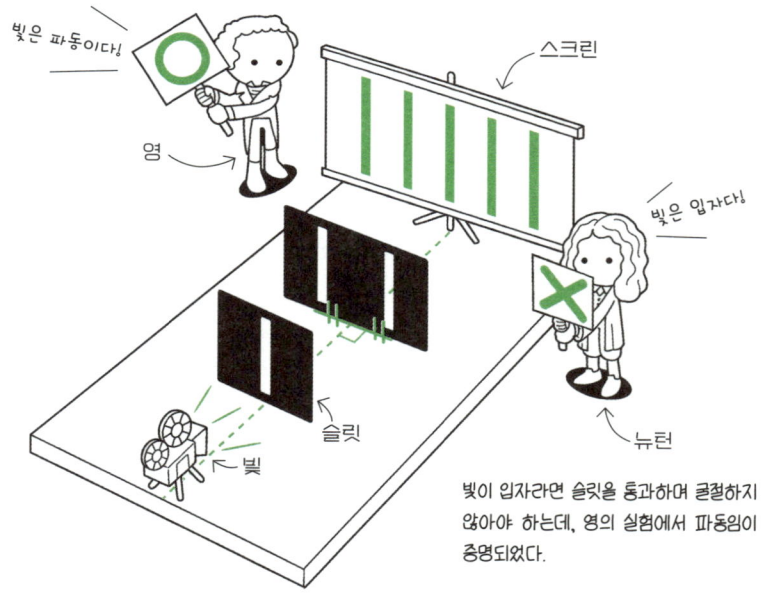

빛은 파동이다!

영

스크린

빛은 입자다!

뉴턴

슬릿

빛

빛이 입자라면 슬릿을 통과하며 굴절하지 않아야 하는데, 영의 실험에서 파동임이 증명되었다.

역학적 파동

제창자	불명
제창된 해	불명
관련 용어	전자기파

**FILE.
038**

끈이나 소리의 진동, 지진 등을 포함한 파동을 말합니다. 예를 들어 막대에 긴 줄을 묶어 놓고 잡아당긴다고 해봅시다. 줄을 잡은 손을 위아래로 흔들면, 줄은 자연스럽게 물결칩니다. 이것이 파동이라는 현상인데 원자나 분자가 공간에서 전달되어 파동을 일으키므로 역학적이라고 표현합니다.

줄을 당겨서

위아래로 흔들면 물결이 생긴다

파동

줄에 생긴 물결이 파동 현상이다. 수면에 생기는 파문도 파동 현상의 하나다.

전자기파

제창자	토머스 영, 빌레브로르트 스넬 등
제창된 해	19세기
관련 용어	전자기파, 전기장, 자기장

**FILE.
039**

전자기파라고 하면 특별한 파동 현상처럼 생각되지만, 일반적으로는 빛이라고 해석하면 됩니다. 4장의 전자기학에도 깊이 연관되어 있지만, 전자기파는 역학적 파동처럼 줄이나 소리의 입자를 가지지 않으므로, 주로 전기장과 자기장이 공간을 진행하면서 가지는 성질이 진동하는 전자기파 현상이라고 생각하면 됩니다.

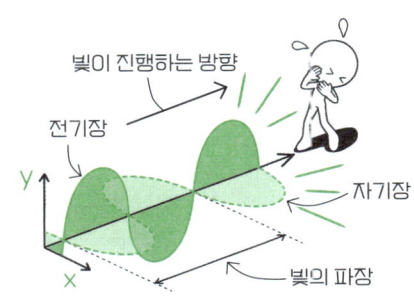

빛이 진행하는 방향

전기장

자기장

y

x

빛의 파장

전자기파의 대표 예는 빛이다. 전기장과 자기장의 진동 때문에 생긴다고 알려져 있다.

파동(진동)

제창자	아이작 뉴턴, 제임스 맥스웰 등
제창된 해	17~19세기
관련 용어	단진동, 역학적 파동, 전자기파

FILE.
040

파동 현상은 역학적 파동과 전자기파 외에도 횡파와 종파로 나누는 분류가 있습니다. 횡파는 매질의 진동과 파동의 진행 방향이 서로 수직인 파동입니다. 간단하게 말하면 파동이 옆으로 진행할 때, 진동하는 방향은 위아래가 됩니다. 기타 같은 현악기를 상상해 보세요. 대부분 악기에서 현은 위아래로 튕기지만, 소리는 옆으로 전달됩니다.

[횡파]

횡파는 현악기를 상상하면 쉽게 이해된다. 현의 진동은 위아래 방향이지만, 파동은 옆 방향으로 진행한다.

[종파]

용수철을 당겼다가 놓으면 진동과 파동이 진행하는 방향이 같다.

반대로 종파는 진동하는 방향과 진행하는 방향이 같습니다. 용수철을 당겼을 때 생기는 파동이 대표 예입니다. 그밖에 다소 떠올리기 어렵겠지만, 공기 중이나 물속의 음파도 예로 들 수 있습니다.

파동의 특징은 단진동과 매우 비슷합니다. 현실의 파동은 복잡한 조건이 있지만, 우선 단진동이 등속으로 이동한다는 조건에서 특징을 나타낸 것이 아래 표입니다.

파동의 특징을 나타내는 물리량

진동	매질이 시간에 따른 상하운동을 나타내는 값
각 진동수	단위 시간당 위상각의 변화
주기	매질이 1회 진동하는 데 걸리는 시간
진동수	1초 동안 진행하는 파동의 개수
파장	파동 하나의 길이
파동의 이동 속도	파동이 움직이는 것으로 보일 때의 속도

첫 번째부터 네 번째까지의 특징은 단진동과 같지만, '파장'과 '파동의 이동 속도'는 단진동과 조금 다릅니다. 둘 다 문자의 의미 그대로 표현되어 있습니다. 파장은 말 그대로 파의 길이를 나타냅니다. 다만, 파장은 진폭이 최대가 된 부분뿐만 아니라, 최소가 된 부분까지 포함한다는 점에 주의해야 합니다. 파동의 이동 속도도 파동이 보일 때의 이동 속도를 그대로 나타냅니다. 파동 대부분은 단진동으로 설명되므로 함께 기억해 주세요.

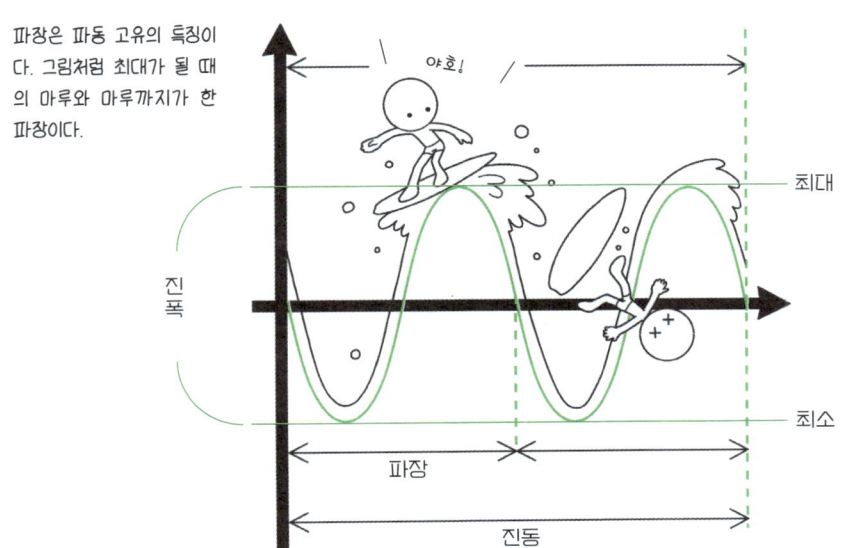

파장은 파동 고유의 특징이다. 그림처럼 최대가 될 때의 마루와 마루까지가 한 파장이다.

반사파

FILE.
041

제창자	유클리드 등
제창된 해	기원전 4~19세기
관련 용어	자유단 반사, 고정단 반사, 정상파

일반적으로 파동은 매질이 다른 경계에 닿으면 반사하는 성질이 있습니다. 이렇게 반사해서 생긴 파를 반사파라고 합니다. 전형적인 예가 빛의 반사입니다. 예를 들어 손전등을 켜서 벽에 비추어 밝힌다고 해볼까요. 이때 벽에는 손전등의 빛이 닿는 것이 보입니다. 이 현상은 벽(매질이 달라지는 경계선)에 닿은 빛이 반사해 우리 눈에 들어오는 것입니다. 참고로 반사는 크게 나누어 파동이 같은 모양 그대로 반사하는 자유단 반사와 뒤집힌 형태로 돌아오는 고정단 반사 두 가지가 있습니다.

어두운 곳에서
손전등을 켜면

어두운 곳

손전등

벽에 닿은
빛이 보인다

벽(=매질이 다른 물질)

파동의 반사를 대표하는
예가 빛으로, 다른 매질의
경계에서 반사하는 모습
으로 확인된다.

합성파와 정상파

제창자	유클리드 등
제창된 해	기원전 4~19세기
관련 용어	반사파

FILE.
042

파동은 부딪히면 두 개의 파동을 더한 만큼의 새로운 파동을 만듭니다. 이것을 파동 중첩 원리라고 하고, 중첩으로 만들어진 파동을 합성파라고 합니다.

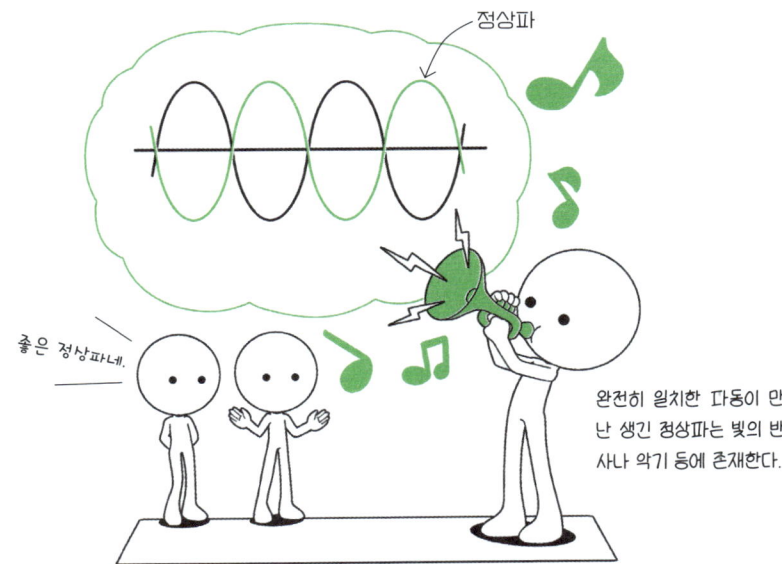

정상파

좋은 정상파네.

완전히 일치한 파동이 만난 생긴 정상파는 빛의 반사나 악기 등에 존재한다.

그러면 파장 등의 특징이 완전히 같은 파동이 만나면 어떻게 될까요? 이때 만들어지는 파동을 정상파라고 합니다. 특수한 파동이며, 위아래로 흔들리면서 진동할 뿐 움직이지 않는 파동을 떠올리면 됩니다. 두 파동이 완전히 일치하는 일은 잘 없지만, 사실 앞에서 소개한 반사파와 합성파가 정상파에 해당합니다. 또, 기타의 현과 관악기 속에서 생기는 공기의 진동도 정상파로 존재합니다.

공명(공진)

FILE.
043

제창자	레오나르도 다 빈치, 갈릴레오 갈릴레이 등
제창된 해	14~17세기
관련 용어	파동(파), 고유 진동수, 주파수

물체는 제각각 고유의 진동수를 가지는데, 이것을 고유 진동수라고 합니다. 악기에 따라 음색이 다른 이유는 고유 진동수가 다르기 때문입니다. 고유 진동수와 똑같은 진동을 외부에서 받아 진동이 커지는 현상이 공명(공진)입니다. 글라스 하프라는 악기를 아시나요? 포도주잔에 물을 넣고 가장자리를 손가락으로 문지르며 진동을 만들어 소리를 내는 악기입니다. 이 악기는 글라스에 준 진동수와 글라스나 물의 진동수가 공명을 일으키고 가장자리를 따라 생기는 진동이 소리가 되어 들립니다. 라디오나 텔레비전의 주파수도 공명의 원리를 활용한 것입니다.

글라스 하프는 공명 현상을 활용해 소리를 증폭한다. 물의 양에 따라 음의 높낮이가 바뀐다.

물리 용어 사전 칼럼

원래는 전문 용어였다!
소리와 관련된 단어

소리는 공기가 진동하면서 생긴다고 하는데, 구체적으로 어떻게 발생하는지 상상하기는 어렵습니다. 소리에는 음원, 음파, 주파수 등 여러 가지 특성이 있으며 이름은 들어봤어도 정확히는 잘 모르는 현상도 있습니다. 그중 대표적인 이야기를 소개합니다.

소리는 공기의 압력 변화

공기는 질소나 산소처럼 질량을 가진 기체 분자로 구성되며, 압축되면 원래로 돌아가려는 탄성력이 있습니다. 소리는 그 탄성력 때문에 발생합니다. 예를 들어 설명해 볼까요. 팽창과 압축을 반복하는 공 같은 구체가 공기 속을 나아간다고 해봅시다. 공이 팽창하면 주변의 공기는 압축되고, 압력은 플러스가 됩니다. 반대로 공이 수축하면 주변의 공기는 팽창해 압력이 마이너스가 됩니다. 이런 압력의 변화로 소리가 발생합니다. 압력 변화를 유발한 공은 음원이라고 하지요.

데시벨은 전화기를 발명한 미국의 과학자 알렉산더 그레이엄 벨(1847~1922)의 이름에 1/10을 뜻하는 접두사 데시를 붙인 것이다.

이렇게 해서 압력이 변화한 양을 음압이라고 하는데, 그 물리량은 단순하게 표기하기에 범위가 너무 넓었습니다. 그래서 데시벨(dB)이라는 표기법이 탄생했습니다. 데시벨이 크면 소리가 커집니다. 소리의 전달 방식은 파동의 성질을 가지며, 1초 동안 반복되는 압축과 팽창의 횟수를 주파수라고 합니다.

도플러 효과

제창자	크리스티안 도플러
제창된 해	19세기
관련 용어	음속, 진동수

FILE.
044

소리의 음정은 발생한 장소와 듣는 사람의 사이의 거리에 따라서 달라집니다. 이런 현상을 도플러 효과라고 합니다. 도플러 효과는 그렇게 특별한 현상은 아닙니다. 우리가 평소에도 쉽게 체험하지요. 대표적인 예가 구급차의 사이렌 소리입니다. 멀리서 구급차가 이쪽을 향해 오면 '삐뽀삐뽀' 이렇게 높은 소리로 사이렌 소리가 들리고, 지나가서 멀어지면 '삐뽀삐뽀' 이렇게 음정이 급격히 내려간 것처럼 들립니다. 진동수가 높으면 높은 소리로, 진동수가 낮으면 낮은 소리로 사람의 귀가 인식하기 때문인데, 소리의 속도에 따른 성질을 보여주는 현상입니다.

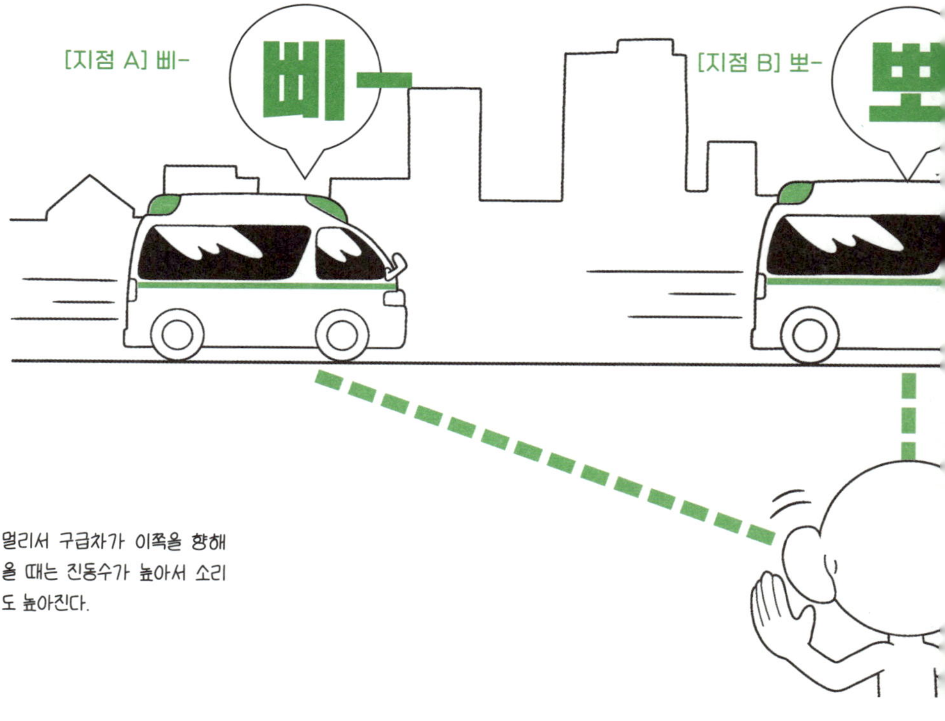

[지점 A] 삐-

삐-

[지점 B] 뽀-

뽀

멀리서 구급차가 이쪽을 향해 올 때는 진동수가 높아서 소리도 높아진다.

소리의 속도는 음속이라고 하며 공기 중에서는 대략 시속 1,225㎞입니다. 그러므로 멀리서 울리는 사이렌의 소리는 자동차보다 빠르게 듣는 사람의 귀에 도달합니다. 반면, 구급차도 달리면서 사이렌을 울리므로, 음의 발신원 역시 점점 듣는 사람에게 가까워집니다. 아래의 그림을 봅시다. 삐뽀 중에서 삐라는 음이 울리는 곳이 지점 A 고, 뽀라는 소리가 울리는 곳이 지점 B입니다. 그림을 보면 알겠지만, 삐보다 뽀의 소리가 가까운 곳에서 울리므로 귀에 도달할 때까지의 거리가 짧아집니다. 즉, 삐뽀를 소리의 한 주기라고 할 때, 구급차가 울리는 삐뽀의 주기보다도 사람이 듣는 삐뽀의 주기가 짧아집니다. 주기가 짧아지면 진동수가 높아지고, 그 결과로 사람의 귀에 도달할 때 높게 들립니다. 도플러 효과는 정말 다양한 분야에서 활용되는데, 야구에서 투수가 던진 공의 구속을 측정하는 속도측정기도 이 원리를 활용합니다. 미국의 천체 물리학자 에드윈 허블은 도플러 효과를 이용해 멀리 있는 은하일수록 지구에서 멀어지는 속도가 빠르다는 사실을 발견했습니다.

구급차가 지나가면 진동수가 낮아져 소리도 낮아진다.

충격파

FILE.
045

제창자	에른스트 마하
제창된 해	1887년
관련 용어	음속, 마하

[수면을 헤엄치는 오리]

오리

삼각형
물결

오리가 수면에 일으키는
삼각형 물결도 충격파의
일종이다.

[대기 중을 나아가는 초음속기]

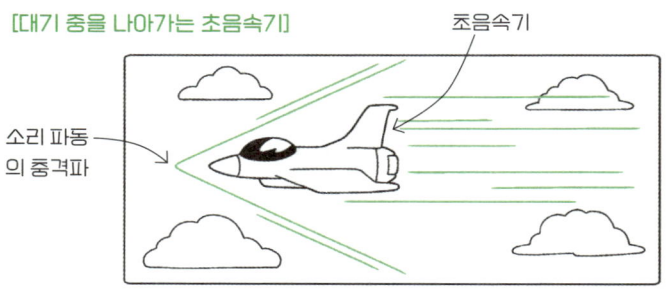

초음속기

소리 파동
의 충격파

초음속전투기는 공기 중
을 시속 약 1,225km 이
상으로 나아가므로 대기
중에서 격렬한 충격파를
일으킨다.

오스트리아의 물리학자 마하는 물체가 음속보다 빠를 때 충격파가 생긴다는 사실을 발견했습니다. 수면에 파문이 있다고 해봅시다. 이 파문의 중심에 손가락을 넣어 움직이면 삼각형의 물결이 일어납니다. 이 같은 현상이 공기 중에서 일어나면 충격파가 됩니다. 대기 중에서는 물체가 음속을 넘는 시속 약 1,225㎞로 진행하면 충격파가 일어납니다. 음속과 충격파의 관계를 마하가 발견했기 때문에 물체의 시속이 1,225㎞를 넘는 단위를 마하라고 표기하게 되었습니다. 가까운 예가 천둥소리입니다. 번개는 전기이기에 음속보다 빠른 속도로 대기 중을 나아가고 천둥소리는 충격파가 전달되어 늦게 지상에 도달하는 것입니다.

피타고라스 음률

FILE. 046

제창자	= 피타고라스
제창된 해	= 기원전 6세기
관련 용어	= 주파수, 평균율

도레미파솔라시도로 알려진 음계는 매질이 1초 동안에 진동하는 횟수(주파수)에 따라 구분됩니다. 특히 화음은 주파수의 비율이 1:2, 2:3, 3:4가 되는 음의 조합으로 생깁니다. 이 사실을 깨달은 사람은 피타고라스로 대장간의 망치 소리를 듣다가 연구를 시작했다고 합니다.

피타고라스는 여러 대장장이가 치는 망치 소리가 조화를 이룰 때도 있고, 그렇지 않을 때도 있음을 깨달았다.

1/f 노이즈

FILE. 047

제창자	= 무샤 도시미츠
제창된 해	= 1925년
관련 용어	= 진동(파), 주파수

1/f 노이즈는 인간에게 가장 편안한 소리로 알려져 있습니다. 인간의 심장이 뛰는 간격, 전동차의 흔들림, 개울물이 졸졸 흐르는 소리 등과 같은 진동이지요. 이 진동이 기분 좋게 느껴지는 이유는 생물의 신경 세포가 발사하는 생체 신호의 간격이 1/f 노이즈이기 때문이라고 합니다. 또, 타고난 목소리가 1/f 노이즈인 사람도 있다고 합니다.

목소리 참 좋네!

인기 가수나 성우 등 유명한 연예인 중에는 목소리가 1/f 노이즈인 사람들도 있는데, 이 점이 인기를 끄는 요인이라고 보는 연구자도 있다.

광속

FILE.
048

제창자	알베르트 아인슈타인 등
제창된 해	17~20세기
관련 용어	영의 간섭 실험, 전자기파, 광년

영의 간섭 실험에서도 언급했듯이, 빛은 파동의 일종입니다. 빛의 속도는 초속 약 30만㎞로 정의합니다. 흔히 1초 동안 지구를 일곱 바퀴 반 돌 수 있는 속도라고 하지요. 우주에서 가장 빠른 속도이며, 물리학에서는 시간과 공간에 관한 절대적인 기준으로 매우 중요한 위치를 차지합니다. 빛의 속도가 절대적인 기준이 되는 이유는 빛이 아무것도 없는 공간에서는 항상 일정한 속도로 나아간다고 여겨지기 때문입니다. 빛의 속도는 어디에서 누가 관측해도 바뀌지 않습니다. 수조㎞ 떨어져 있는 천체라 해도 시간 등을 측정하는 기준으로 이용할 수 있다는 말입니다. 빛이 1년 동안 나아가는 거리는 광년이라고 합니다.

태양이 빛을
보낸다

약 8분 뒤

지구에 도달

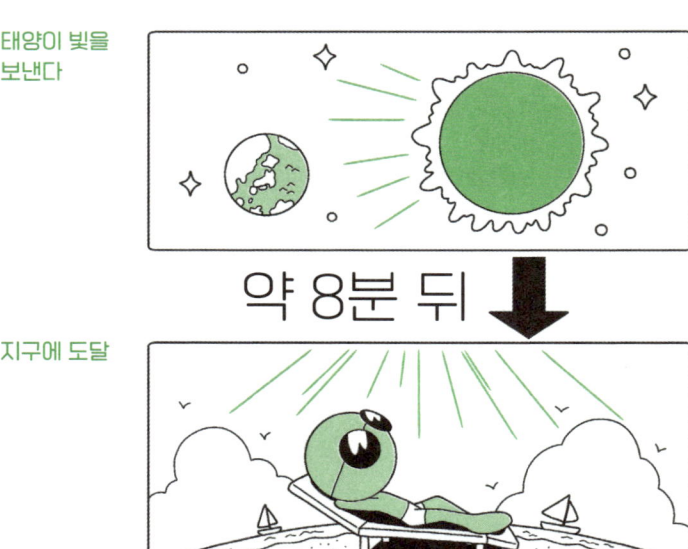

광속은 초속 약 30만㎞다. 태양의 빛은 대략 8분 후에 지구에 도달한다는 계산이 나온다.

빛의 속도를 측정하기 위한 도전

현 대에는 빛의 속도가 일정하다는 개념이 일반적입니다. 초속 29만 9,792.458㎞라는 세세한 수치까지는 모르더라도 빛이 1초 동안 지구를 일곱 바퀴 반 돈다는 얘기 정도는 들어보셨겠지요. 이 속도가 정해지기까지는 실로 다양한 연구가 있었습니다.

300여 년 걸려 정해진 빛의 속도

예전 물리학자들은 빛의 속도가 무한대라고 생각했습니다. 그래서 빛의 속도를 측정할 수는 없다고 여겼습니다. 최초로 빛의 속도를 측정하고자 했던 사람은 덴마크의 올라우스 뢰메르입니다. 뢰메르는 1676년 목성과 그 위성인 이오를 관측하던 중에 이오가 목성에 가려지는 주기가 예상보다 조금 길어졌다는 사실을 깨달았습니다. 주기가 길어진 원인은 빛이 목성에서 지구까지 도달하는 데 어느 정도의 시간이 걸리기 때문이라고 생각했습니다. 빛에도 속도가 있다고 생각하게 된 계기가 되었지요. 다만 이때는 아직 정확한 측정이 불가능했습니다.

측정에 처음으로 성공한 사람은 프랑스의 아르망 피조였습니다. 1849년에 피조는 톱니바퀴를 이용해 빛의 속도를 측정했습니다. 측정 결과 빛의 속도는 초속 31만 3,000㎞였습니다. 현대에 알려진 빛의 속도와 매우 근접한 수치였지요. 이후에도 빛의 측정은 계속되어 1973년에 미국의 에븐슨이 레이저 장치를 이용해 측정을 시도했고, 현재와 같은 수치를 얻는 데 이르렀습니다. 그리고 1983년에는 국제 도량형 위원회에서 광속의 값을 정의하였습니다.

피조 간섭 실험으로 유명한 아르망 피조(1819~1896).

4장

우주의 비밀을 푸는 열쇠! 전자기학

INTRODUCTION

 ## 전자기학은 전하의 움직임을 역학적으로 생각하는 분야

전자기학은 빛과 전기, 자기력이라는 눈에 보이지 않는 입자의 운동을 역학적으로 파악하는 분야입니다. 이 때문에 쉽게 머릿속에 떠올리기 어렵겠지만, '어떤 입자'의 운동으로 생각하면 더 알기 쉽습니다. 이 어떤 입자를 전하라고 합니다. 전하가 가지는 전기량은 프랑스의 물리학자 샤를 드 쿨롱의 이름을 따 C(쿨롱)으로 표기합니다. 전하와 전기량의 관계는 역학에서 말하는 물체와 질량의 관계와 같습니다. 하지만, 전하에는 플러스와 마이너스(양과 음)의 성질이 있다는 점이 일반적인 역학과 다릅니다.

 ## 전기량의 최소 단위 '기본 전하량'이란?

전하의 양을 나타내는 전기량은 최소 단위로 기본 전하량을 씁니다. 기본 전하량은 미국의 로버트 밀리컨이 기름방울 실험에서 측정한 데이터를 기반으로 만들었습니다. 이 개념은 모든 입자를 계속 쪼개 보면, 더는 쪼갤 수 없는 최소 단위가 있다는 소립자론으로 이어졌습니다. 기본 전하량은 1.6×10^{-19}이며, 세상의 전기량은 모두 기본 전하량의 정수배로 존재합니다.

전자기학에 도입된 '장'

　전자기학을 이해하려면 장이라는 개념이 매우 중요합니다. 파동 부분에서도 언급했듯이 빛과 전기를 구성하는 입자는 매우 작아서 눈에 보이지 않기 때문에, 어떤 매질을 통해 전달되는지가 과학자들을 머리 아프게 했습니다.

그래서 전하는 다른 전하에서 직접 힘을 받는다는 기존 해석에서 주변의 공간으로부터 힘을 받는다는 해석으로 바뀌게 되었습니다. 장을 부르는 이름으로는 전기에 의한 장을 전기장, 자기에 의한 장을 자기장이라고 합니다.

모터나 발전기는 전기와 자기의 관계를 이용

　도선에 전기를 흐르게 하면 전류가 발생합니다. 전류가 생기면 주위에는 자기장이 생깁니다. 과학자들은 전하에 의한 현상으로부터 자기장의 현상을 이해하기 위한 실험을 해보았습니다. 도선에 전류를 흐르게 하면 주변에 있는 나침반의 자침이 흔들린다는 초등학생, 중학생이 하는 실험과 비슷했지요. 이 실험에서처럼 전기를 흐르게 했을 때만 자기가 발생하는 것이 전자석의 원리입니다. 영국의 윌리엄 스터전은 이 원리를 이용해 전자석을 만들었고, 전자석은 모터와 발전기의 기초가 되었습니다. 모터는 전류를 흐르게 해 동력을 발생시키는 장치이며, 발전기는 동력에서 전기를 만들어내는 장치입니다.

POINT
▶ 전자기학은 전하라는 입자의 움직임을 역학으로 설명한 학문이다.
▶ 전자기학을 이해하기 위해서는 '장'이라는 개념이 필요하다.
▶ 전기와 자기는 밀접한 관계이다.

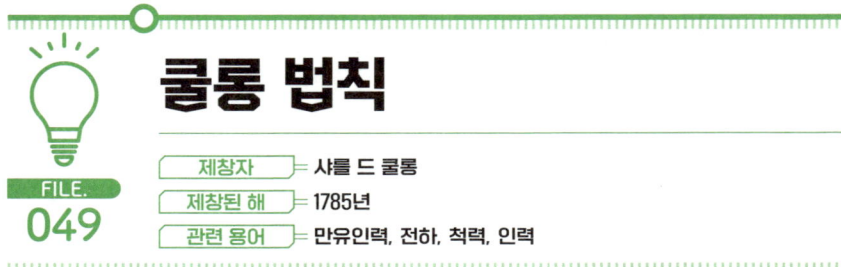

쿨롱 법칙

FILE.
049

제창자	샤를 드 쿨롱
제창된 해	1785년
관련 용어	만유인력, 전하, 척력, 인력

전자기학에서 전하를 나타내는 단위는 쿨롱입니다. 이 단위는 프랑스의 물리학자 쿨롱의 이름에서 따왔습니다. 전하에는 양과 음(플러스와 마이너스)이 있는데 같은 전하끼리는 서로 반발하고(척력), 반대 전하끼리는 서로 끌어당기는(인력) 성질이 있다고 알려져 있지요. 자석에서 플러스와 마이너스의 관계와 같다고 이해해도 됩니다. 전하 사이의 힘을 처음 수식으로 표현한 사람이 쿨롱이었으므로 이 현상을 쿨롱 법칙이라고 하고, 단위에도 쿨롱의 이름을 사용합니다. 쿨롱 법칙으로 나타내는 식은 뉴턴이 발견한 만유인력의 식과 매우 비슷해 당시의 연구자도 놀랐다고 합니다.

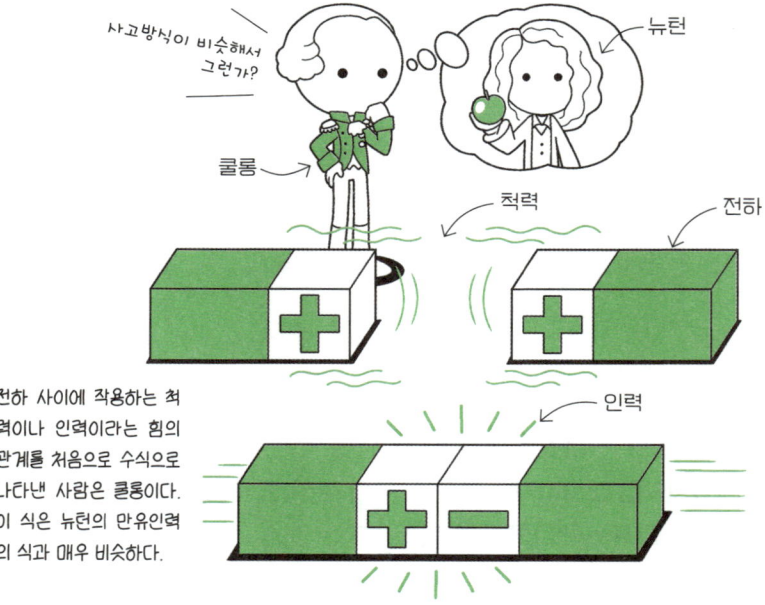

전하 사이에 작용하는 척력이나 인력이라는 힘의 관계를 처음으로 수식으로 나타낸 사람은 쿨롱이다. 이 식은 뉴턴의 만유인력의 식과 매우 비슷하다.

전기장과 전위

FILE.
050

제창자	샤를 드 쿨롱 등
제창된 해	18~19세기
관련 용어	전하, 쿨롱 법칙, 만유인력, 위치 에너지

[전기장]

바람이 많이 부네.

연이 바람의 양을 보여주
듯이 전기장은 전하에 작
용하는 힘을 보여준다.

[전위]

위치 에너지

전위는 전기학적인 위치
에너지를 뜻한다.

　　일상에서 공기가 안 좋다는 말을 자주 들을 수 있는데, 이 개념은 전자기학에서도
이용됩니다. 바로 전기장이죠. 쿨롱 법칙은 전하의 힘을 수식으로 만든 위대한 발견
이지만, 전하가 가지는 전기량과 전하 사이의 거리를 모르면 기술할 수 없다는 문제
를 안고 있었습니다. 여기서 후세의 과학자들은 전하는 다른 전하로부터 힘을 받는
것이 아니라 주위의 공간에서 힘을 받는다고 해석했습니다. 즉, 전기장은 전하에 작
용하는 힘이라는 말입니다. 만유인력과 마찬가지로 전하에도 위치 에너지가 있는
데, 이를 전위라고 합니다.

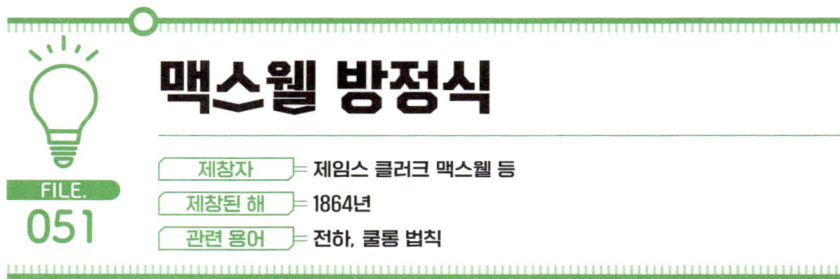

맥스웰 방정식

제창자 = 제임스 클러크 맥스웰 등
제창된 해 = 1864년
관련 용어 = 전하, 쿨롱 법칙

FILE.
051

전자기학에는 전기장 외에 자기장이라는 장도 존재합니다. 이 전기장과 자기장을 함께 전자기장이라고 합니다. 여기서 말하는 장이란 전기나 자기력의 흐름을 표현하는 물리량입니다. 예를 들면, 바람의 흐름은 선풍기나 에어컨에서 발생하기도 하고, 기압의 변화로 생기기도 합니다. 이처럼 전자기장에도 어떤 원인이 있어 흐름이 생긴다고 생각했습니다. 영국의 물리학자 맥스웰은 장의 흐름을 논리적으로 정리해 맥스웰 방정식을 만들었습니다. 발표 당시의 내용은 정확하게 알기 어렵고, 현재 알려진 맥스웰 방정식은 영국의 올리버 헤비사이드가 다시 정리한 것입니다.

[장의 흐름]

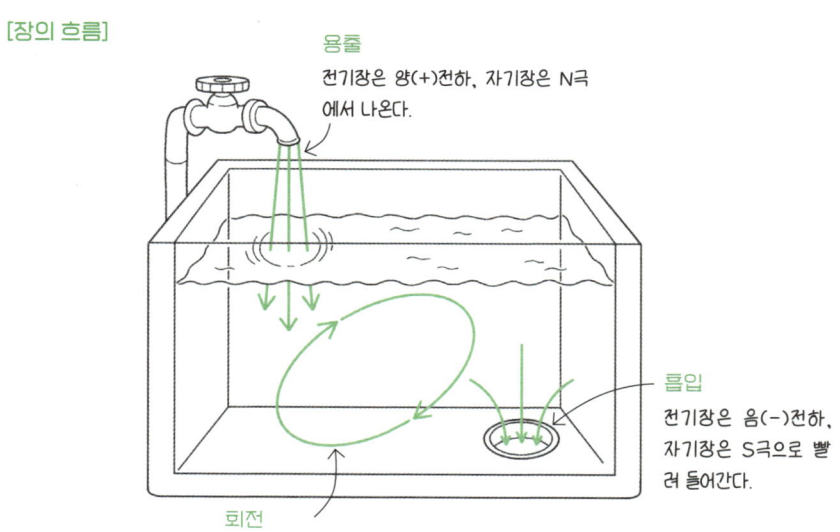

용출
전기장은 양(+)전하, 자기장은 N극에서 나온다.

흡입
전기장은 음(-)전하, 자기장은 S극으로 빨려 들어간다.

회전
전기장과 자기장은 각각 시간 변화에 따라 주위를 맴돈다.

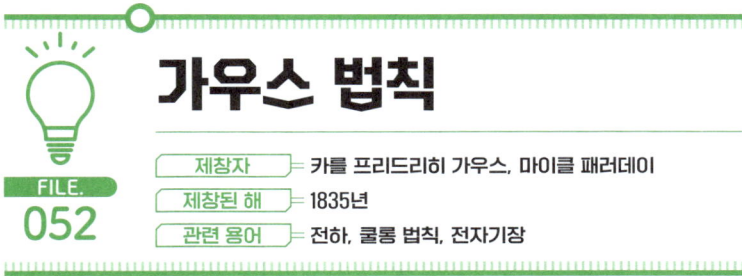

가우스 법칙

제창자	카를 프리드리히 가우스, 마이클 패러데이
제창된 해	1835년
관련 용어	전하, 쿨롱 법칙, 전자기장

FILE.
052

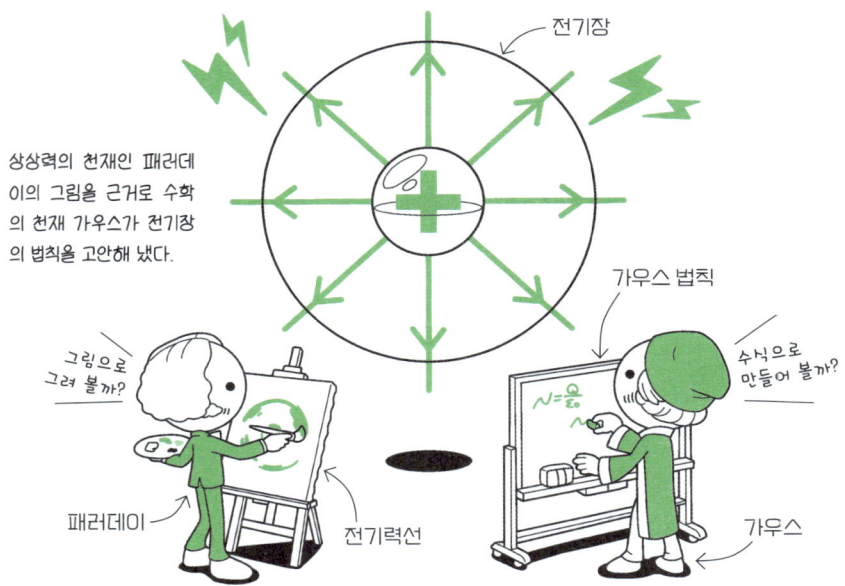

전기장

상상력의 천재인 패러데이의 그림을 근거로 수학의 천재 가우스가 전기장의 법칙을 고안해 냈다.

가우스 법칙

수식으로 만들어 볼까?

$N = \dfrac{Q}{\varepsilon_0}$

그림으로 그려 볼까?

패러데이

전기력선

가우스

맥스웰 방정식에서는 전기장은 양의 전하에서 나오고 음의 전하로 빨려 들어간다고 합니다. 이 법칙을 끌어낸 사람은 독일의 가우스였습니다. 가우스는 영국의 패러데이가 전기장을 그림으로 표현한 전기력선에 주목했습니다. 패러데이는 초등학교밖에 다니지 않았지만, 상상력을 무기로 전기력선을 개발했습니다. 이 그림을 수식으로 해석한 사람이 가우스였지요. 가우스는 단위 면적당 어느 정도의 전기력선이 나오는지 계산했고 전체 면적에서 나오는 전기력선의 총 양은 전하에 비례한다는 법칙을 발견했습니다. 그리고 다소 어렵긴 하지만, 이 법칙을 이용해 전기장 계산이 가능합니다.

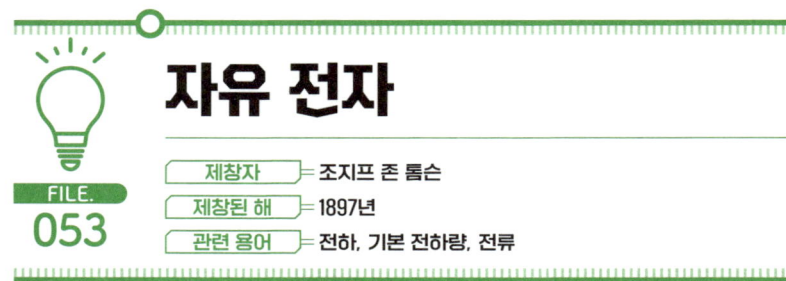

자유 전자

제창자	조지프 존 톰슨
제창된 해	1897년
관련 용어	전하, 기본 전하량, 전류

FILE.
053

우리는 전자라는 단어를 일상적으로 사용하지만, 전자기학이나 원자 물리학에도 빼놓을 수 없는 중요한 물질입니다. 전자는 수소나 질소 등의 원자 주위에 궤도를 그리며 돌고 있습니다. 최초로 전자의 존재를 주장한 사람은 아일랜드의 조지 존스톤 스토니였습니다. 그는 1891년에 '최소의 전하(기본 전하량)'로서 일렉트론 개념을 세웠습니다. 그리고 나중에 영국의 톰슨이 스토니의 생각을 증명할 만한 실험을 했고, 전자를 발견하는 데 성공했습니다. 톰슨은 끝까지 미립자라고 불렀지만, 현재는 스토니가 제창한 전자에 안착했습니다. 그중에서 자유롭게 움직이며 돌고 있는 전자를 자유 전자라고 합니다.

전기는 자유 전자가 만들어낸다. 자유 전자의 존재는 스토니와 톰슨에 의해 해명되었다.

자유 전자는 전기를 발생시키는 원동력이 됩니다. 전기를 흐르게 하는 물질은 금속입니다. 금속은 내부에 자유 전자를 무수하다고 생각할 정도로 가지고 있는 물질로, 자유 전자가 돌아다니면서 전류(→79쪽)가 되어 전기를 발생시킵니다. 이 현상은 진공관 속에서 한 쌍의 전극을 넣으면 발생하는 음극선 실험을 통해 증명되었습니다. 음극선의 원리를 이용한 도구로 가까운 예는 형광등이 있습니다. 형광등을 가까이서 보기는 어렵겠지만, 희미하게 선 모양으로 빛이 달리는 듯 보입니다. 음극선 실험으로 자유 전자는 음전하를 띠고 있음이 밝혀졌습니다.

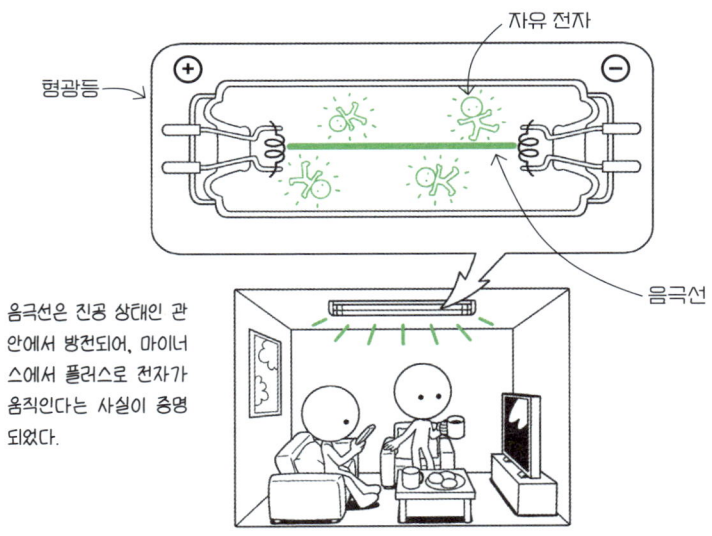

형광등

자유 전자

음극선

음극선은 진공 상태인 관 안에서 방전되어, 마이너스에서 플러스로 전자가 움직인다는 사실이 증명되었다.

열, 전기를 전달하는 물질을 도체라고 합니다. 도체가 전기를 통하기 쉬운 이유는 자유 전자를 대량으로 소지하기 때문입니다. 도체의 대표적인 예가 바로 인체입니다. 겨울철에 정전기가 생기는 이유는 인체가 도체이기 때문입니다. 이 원리를 이용해 스마트폰 등에 사용되는 터치패널이 만들어졌습니다. 사람의 손가락 끝이 터치패널의 표면에 가까이 가면 손가락 끝과 센서 전극 사이가 콘덴서처럼 작용해 정전기가 발생합니다. 이 원리는 도체에 전압을 걸면 원자에서 떨어져 있는 자유 전자가 플러스로 끌어 당겨져 일어나는 정전기 유도라는 현상을 활용합니다.

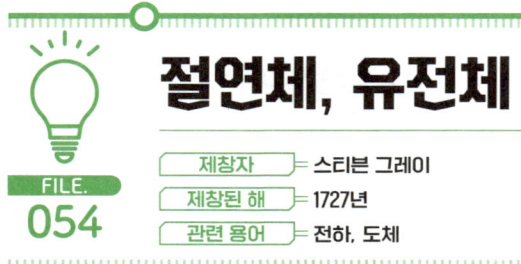

절연체, 유전체

제창자	스티븐 그레이
제창된 해	1727년
관련 용어	전하, 도체

도체와 반대로 전기가 통하기 어려운 고무나 유리 같은 물체를 절연체, 또는 유전체라고 합니다. 절연체는 내부에 자유롭게 움직일 수 있는 전하가 없으므로, 전기가 통하기 어렵습니다. 절연체의 내부에는 전하가 빠져나가지 않는 방이 있어 전자가 원자 속에서 나오지 못하고, 원자 내부에서 전하의 쏠림이 생깁니다. 이 현상을 유전분극이라고 합니다. 절연체라는 명칭 때문인지 절대로 전기를 통하지 않는다고 생각하기 쉬운데, 실제로는 높은 전압을 가하면 절연 상태가 망가져 버리는 일도 있습니다. 이 파괴 현상을 절연 파괴라고 합니다. 고압 전류 앞에서는 고무나 유리가 있어도 감전되기도 하니 주의하세요!

① 절연체가 있다

전기

실험 시작!

②약한 전기는 통하지 않는다

안전하군!

③강한 전기는 통해 버린다

절연체는 전기가 통하기 어려울 뿐이지 절대 전기가 통하지 않는 것은 아니다.

전류

제창자	앙드레 마리 앙페르
제창된 해	1827년
관련 용어	전하, 도체, 자유 전자

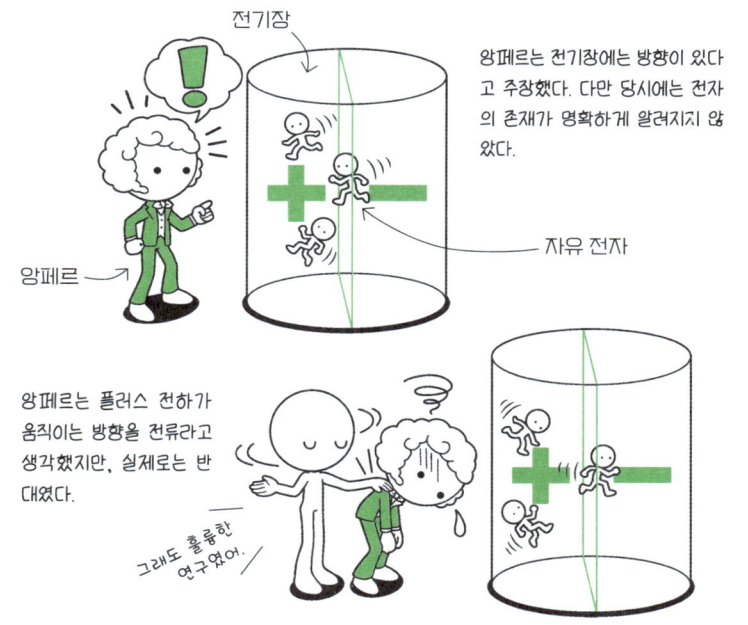

전기장

앙페르는 전기장에는 방향이 있다고 주장했다. 다만 당시에는 전자의 존재가 명확하게 알려지지 않았다.

자유 전자

앙페르

앙페르는 플러스 전하가 움직이는 방향을 전류라고 생각했지만, 실제로는 반대였다.

그래도 훌륭한 연구였어.

전류에 있어 전자의 흐름을 암페어라는 단위로 나타냅니다. 이것은 전기, 전류, 전압이라는 단어를 만든 물리학자 앙페르의 이름에서 따온 단어입니다. 앙페르는 전기를 띤 무수한 극소 입자가 도선을 흐른다고 생각했지만, 당시에는 아직 전자의 존재가 밝혀지지 않아 별로 지지받지 못했다고 합니다. 또, 처음에는 전류를 양의 전하가 움직이는 방향이라고 정의했지만 실제로는 음의 전하인 자유 전자의 움직임이었으므로 착오였다고 할 수 있습니다. 그러나 전기장의 방향이라는 관점은 전자기학을 발전시키는 데 매우 중요한 역할을 했으므로 전류를 발견한 앙페르의 공적은 칭송받고 있습니다.

옴의 법칙

제창자	게오르크 시몬 옴
제창된 해	1827년
관련 용어	전류, 전압, 저항

FILE.
056

[굵은 빨대인 경우]

마시기 편해!

[가는 빨대인 경우]

흡입이 잘 안 되네.

옴의 법칙은 전류나 저항의 관계를
명확히 밝혔다. 길고 가늘수록 저항
이 커진다.

옴의 법칙은 전기 저항을 구하는 공식으로 중학교 과학에서 등장하므로 기억하시는 분도 많으시겠지요. 전압 = 전류×저항이라는 무척 간단한 공식입니다. 저항이란 문자 그대로 전류가 흐르기 어려운 정도를 말하는 개념이며 발견자의 이름을 따옴(Ω)이라는 기호로 표시합니다. 옴의 법칙은 어떤 물체에서 저항의 크기는 길이에 비례하고 단면적에 반비례한다는 사실을 증명했습니다. 즉, 전기를 통하게 하는 물질이 길고 가늘수록 저항은 커집니다. 빨대로 주스를 마시는 상황을 상상해 보세요. 굵은 빨대라면 주스를 쉽게 마실 수 있습니다. 반대로 가늘고 긴 빨대라면 주스가 위로 올라오기가 어렵습니다. 이것이 저항의 성질입니다.

줄의 열

제창자	앙드레 마리 앙페르
제창된 해	1827년
관련 용어	전하, 도체, 자유 전자

FILE.
057

일하자!

게임 재미있어!

노트북

게임기

금속에 전기가 흐르면 반드시 열이 발생한다. 이 열을 줄의 열이라고 하고, 단위 시간(1초)당 소비량을 전력이라고 한다.

장시간 경과

앗 뜨거워!

전력이라는 말은 일반적으로 널리 사용되지만, 열에너지의 단위에서 정의되었다는 사실을 아는 사람은 많지 않습니다. 예를 들면, 컴퓨터나 스마트폰을 장시간 사용하면 열이 나기도 합니다. 전기가 흐르면 자유 전자가 부딪혀 반드시 열이 발생한다는 성질 때문에 일어나는 현상입니다. 이 열을 줄의 열이라고 하고 단위 시간당 줄의 열을 전력이라고 합니다. 참고로 줄이라는 명칭의 유래는 영국의 물리학자 줄의 이름입니다. 그는 1cal당 일의 양을 해명했지요. 지금은 에너지, 일, 열량, 전력량 모두 줄이라는 단위로 표기합니다.

키르히호프의 법칙

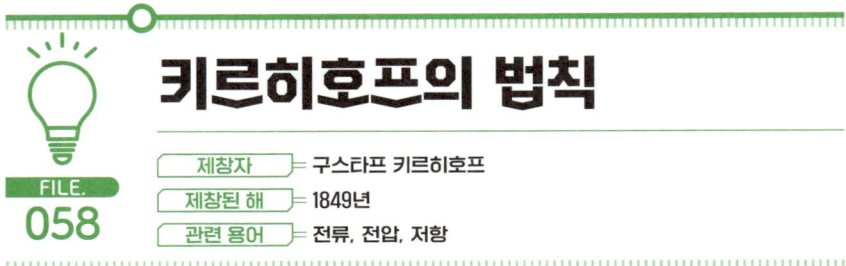

제창자	구스타프 키르히호프
제창된 해	1849년
관련 용어	전류, 전압, 저항

FILE.
058

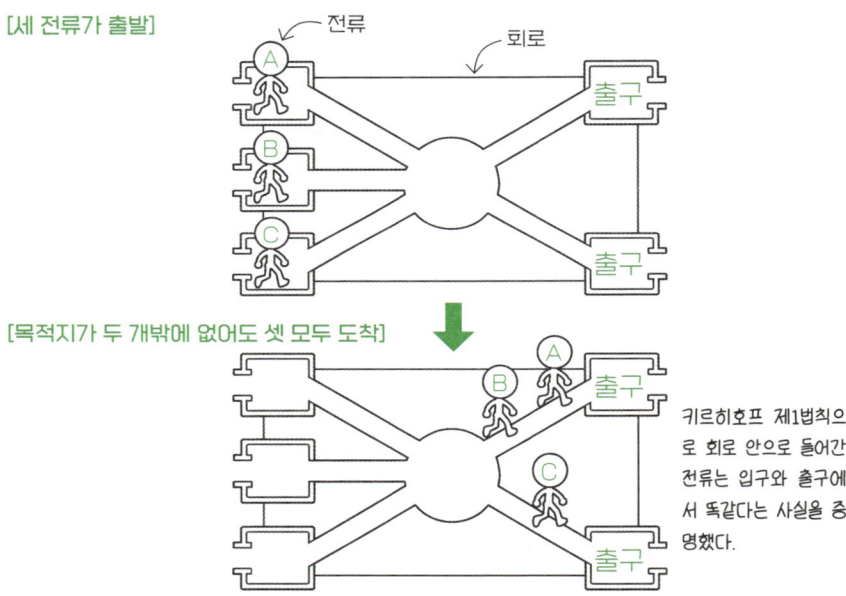

[세 전류가 출발]

전류

회로

출구

출구

[목적지가 두 개밖에 없어도 셋 모두 도착]

출구

출구

키르히호프 제1법칙으로 회로 안으로 들어간 전류는 입구와 출구에서 똑같다는 사실을 증명했다.

전자기기 내부에는 다양한 회로가 있습니다. 회로는 부품을 도선에서 한 바퀴 돌려 연결한 것을 말합니다. 독일의 키르히호프는 회로를 이용해 전하의 정보를 도출하고자 했습니다. 회로에서 전류와 전압에 관한 법칙을 발견했습니다. 전류에 관한 법칙을 키르히호프의 제1법칙(전류 법칙), 전압에 관한 법칙을 키르히호프의 제2법칙(전압 법칙)이라고 부릅니다. 제1법칙은 '회로의 접속점에 들어가는 전류와 나가는 전류는 같고, 각각의 총합(합계)은 같다'입니다. 위의 그림에 있듯이 들어가는 경로가 3개고, 나오는 경로가 2개라도 전류는 똑같아진다는 말입니다.

키르히호프의 제2법칙은 전압에 관한 내용으로, '회로 방정식'으로도 불립니다. 전기 회로를 한 바퀴 돌면 전압의 총합은 0이 된다는 법칙입니다. 회로 안에 있는 저항에 전류가 흐르면 옴의 법칙에 따라 전압이 발생합니다. 이 전압은 상승하거나 하강하는데, 최종적으로 전기 회로를 한 바퀴 돌면 0이 됩니다. 즉, 전압은 올라가는 만큼 내려갑니다.

이 앞부터는 내리막길이네!

B

회로 안에서 전압은 올라가거나 내려가지만, 최종적으로는 전기 회로를 한 바퀴 돌면 0이 된다.

C

한 바퀴 더 돌자!

열심히 올라가자!

A

등산의 하이킹 루트에 비유해 볼까요. 위의 그림에 있는 오르막길이 저항입니다. 오를 때는 비탈이 하나지만, 내려갈 때는 두 번 있습니다. 루트는 달라도 그 높이는 바뀌지 않습니다. 오른 만큼 내려가므로 높이의 총합은 0이 됩니다. 전압에서도 똑같은 일이 일어나므로 이 법칙을 활용해 전자 제품이나 로봇 등의 회로를 만듭니다. 전기 공학의 기본 중 기본이라고도 하겠습니다. 키르히호프는 이 밖에도 다양한 연구에 관심을 가지고 참여했고, 세슘이나 루비듐이라는 원자를 발견하기도 했습니다. 세슘은 방사성 동위 원소이며 일본 후쿠시마 원자력 발전소 사고 당시 크게 사회 문제가 되며 일반에도 널리 알려진 물질입니다.

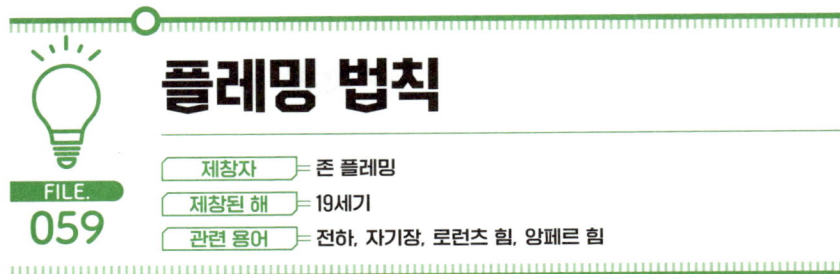

플레밍 법칙

제창자 = 존 플레밍
제창된 해 = 19세기
관련 용어 = 전하, 자기장, 로런츠 힘, 앙페르 힘

물리 법칙 중에서도 플레밍 법칙은 꽤 친숙하게 느껴집니다. 중학교에서 배울 때, 왼손으로 특정 모양을 만들던 것을 기억하시나요? 이미 잊으신 분은 아래의 그림을 봐주세요. 가운뎃손가락이 전류가 흐르는 방향, 집게손가락이 자기장의 방향, 엄지손가락이 힘의 방향이라고 외웠지요. 이 발견은 아주 획기적이었습니다. 그때까지 과학자들의 머리를 아프게 했던 자기장을 이해하는 데 무척 효과가 좋았습니다. 중학교 과학에서는 엄지손가락을 힘의 방향으로만 배웠지만, 실제로는 로런츠 힘(→85쪽)이나 앙페르 힘(→85쪽)을 나타냅니다.

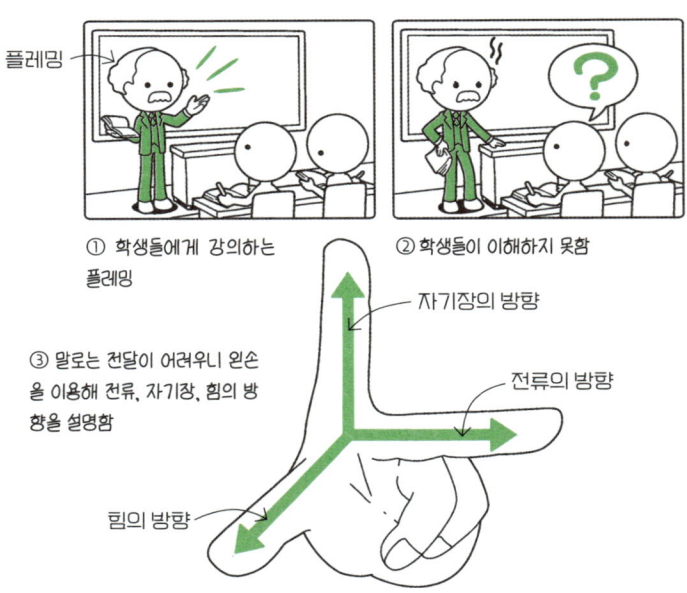

① 학생들에게 강의하는 플레밍

② 학생들이 이해하지 못함

③ 말로는 전달이 어려우니 왼손을 이용해 전류, 자기장, 힘의 방향을 설명함

자기장의 방향

전류의 방향

힘의 방향

로런츠 힘

제창자	헨드릭 로런츠
제창된 해	19~20세기
관련 용어	전하, 자기장, 앙페르 힘

FILE.
060

플레밍의 법칙에서 표현되는 힘의 하나가 로런츠 힘입니다. 로런츠 힘이란 자기장 안에서 전하가 어떤 속도로 움직일 때 받는 힘을 뜻합니다. 로런츠는 움직이는 전하만 자기장의 영향을 받는다는 사실을 발견했습니다. 로런츠의 이 발견을 두고 아인슈타인은 그를 가장 중요한 인물로 평가하기까지 했습니다.

'움직이는 전하'란 자기장 속에서 이동하는 전하를 띤 입자를 말한다.

아인슈타인   로런츠

앙페르 힘

제창자	앙드레 마리 앙페르
제창된 해	19~20세기
관련 용어	전하, 자기장, 로런츠 힘, 전자기 유도

FILE.
061

움직이는 전하는 자기장으로부터 힘을 받기 때문에 자연스럽게 전하의 집합체라고도 부르는 전류에도 힘이 작용합니다. 이 힘을 앙페르 힘이라고 합니다. 앙페르 힘의 방향도 플레밍 법칙에서 엄지손가락으로 표시합니다. 이 관계성은 전자기 유도(→88쪽)의 이해에 도움이 됩니다.

플레밍   전자기학   앙페르

플레밍 법칙의 엄지손가락(힘)은 전류에 작용하는 앙페르 힘도 나타낸다.

천재들 사이에 벌어진 치열한 전류 전쟁

전 류에 직류와 교류가 있다는 사실은 여러분도 알고 계시겠지요. 전자 제품에 흐를 때는 직류지만, 가정용 콘센트에는 교류 전원이 이용됩니다. 이는 전력 공급 시의 변압과 크게 관련이 있습니다. 사실 전력 여명기에 직류와 전류를 둘러싼 치열한 전쟁이 일어났습니다.

에디슨은 정말 성격이 괴팍했을까?

19세기 후반이 되자, 미국에서는 가정용 전력이 공급되기 시작했습니다. 그러나 그 당시에는 정해진 규격이 없어, 직류파와 교류파가 격렬하게 논쟁을 벌였습니다. 직류파를 이끌던 사람은 발명왕으로 알려진 토머스 에디슨입니다. 당시 에디슨은 에디슨 제너럴 일렉트릭 컴퍼니라는 회사를 이끌고 있었습니다. 한편, 교류파를 주도했던 사람은 에디슨의 회사에서 근무하던 니콜라 테슬라와 조지 웨스팅하우스라는 인물이었습니다. 일론 머스크가 너무도 존경한 나머지, 자신의 자동차 회사의 이름까지 테슬라라고 지었다는 이야기는 유명하지요.

제너럴 일렉트릭의 초창기 로고.

그런데 이 직류 대 교류의 전쟁은 실로 전쟁이라고 부를 정도로 진흙탕 싸움이 되었습니다. 특히 에디슨이 상대 진영에 대해 벌였던 네거티브 캠페인은 상상을 초월할 일로, 교류 전원의 위험성을 어필하기 위해 말 한 마리를 감전시켜 죽이기까지 했습니다. 결과적으로 멀리까지 송전할 수 있는 교류파가 승리하지만, 상당히 끝맺음이 좋지 않은 논쟁이었지요. 베네딕트 컴버배치가 주연을 맡은 영화 '커런트 워'에 자세히 나오므로 보시기 바랍니다.

오른나사의 법칙

FILE.
062

제창자	= 크리스티안 외르스테드, 앙드레 마리 앙페르
제창된 해	= 19~20세기
관련 용어	= 전하, 전기장, 자기장, 앙페르 힘

나사에 적용해 보자!

전류의 방향

자기장의 방향

앙페르

앙페르의 오른나사의 법칙에 다라 전류의 방향과 자기장의 움직임의 관계가 명확해졌다.

자기장이라는 현상은 지금도 과학자들이 연구를 계속할 정도로 심오한 분야입니다. 과학자들은 지구가 지자기를 가지며, 거대한 자기장을 형성한다고 생각합니다. 이 자기장이 만들어지는 과정을 발견한 사람이 덴마크의 외르스테드였으며, 나중에 프랑스의 앙페르가 이론으로 정리했습니다. 이 이론이 바로 전기장과 자기장은 오른나사를 돌릴 때 진행하는 방향과 나사가 도는 방향과 관계있다는 오른나사의 법칙입니다. 그림처럼 엄지를 세워 최고라는 사인을 할 때 엄지가 전류의 방향, 다른 네 손가락이 자기장의 방향을 나타냅니다. 이 법칙을 여실히 보여주는 예가 코일입니다.

전자기 유도

제창자	= 마이클 패러데이
제창된 해	= 1831년
관련 용어	= 맥스웰 방정식, 자기장, 전류

FILE.
063

전류가 흐르면 자기장이 발생합니다. 전기와 자기장은 매우 밀접한 관계에 있습니다. 도선을 빙글빙글 감은 코일에서는 자석을 가까이 가져가기만 해도 전류가 흐릅니다. 이것을 전자기 유도라고 합니다. 이때 흐른 전류를 유도 전류, 발생한 전압은 유도 전압이라고 합니다. 이 발견을 한 사람은 앞에서도 언급했던 패러데이입니다. 패러데이는 외르스테드가 발견한 도선에 전류가 흐르면 나침반의 자침이 흔들린다는 결과를 근거로 자기장을 움직이면 전류가 흐른다고 생각했습니다. 나중에 맥스웰에 의해 수식화되어 맥스웰 방정식의 하나가 되었습니다.

빙글빙글 감은
코일에 자석을
갖다 대면

코일

패러데이

역방향의 자기장이
발생하고 전자기
유도가 일어난다

전압이 생겼어!

비오-사바르 법칙

FILE.
064

제창자	장 바티스트 비오, 펠릭스 사바르
제창된 해	1820년
관련 용어	쿨롱 법칙, 가우스 법칙, 앙페르 법칙

전류가 흘렀을 때 발생하는 자기장의 크기와 방향을 나타내는 것이 비오-사바르 법칙입니다. 이것은 전기장에서 쿨롱 법칙에도 대응하며, 앙페르 법칙과 같은 의미가 있습니다. 다만 앙페르 법칙이 자기장의 회전과 전류의 관계를 나타내는 반면에, 비오-사바르 법칙은 벡터로서 자기장의 크기를 직접 수식화했습니다. 이 법칙을 통해 자기장의 강도가 도체로부터의 거리에 크게 영향을 받는다는 사실을 알게 되었습니다. 앙페르 법칙은 비오-사바르 법칙을 더 발전시킨 것이지만 수식이 복잡하기에 물리를 전공하는 학생들에게도 어렵다고 합니다.

프랑스의 비오와 사-바르는 실험이 아니라 수학적인 형식으로 자기장의 강도를 구했기 때문에 당시에는 실증 실험이 불가능했다.

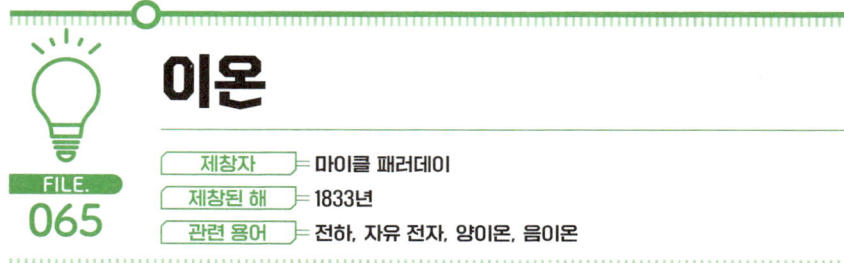

이온

제창자	마이클 패러데이
제창된 해	1833년
관련 용어	전하, 자유 전자, 양이온, 음이온

FILE. 065

패러데이의 또 다른 위대한 발견은 이온입니다. 이온은 전자를 방출하거나 받아들여 양, 음의 전하를 띠는 원자(또는 원자단)를 가리킵니다. 전자는 음전하를 띠므로 전자를 방출한 원자는 플러스가 되는데, 이를 양이온이라고 합니다. 반대로 전자를 받아들이면 음의 전하를 띠고 음이온이 됩니다. 이온은 수용액 등에 전류를 흘려 물질을 분해하는 전기 분해로 발견되었습니다. 엄밀히 말하면 전기 분해는 화학의 영역이지만, 전자의 움직임이라는 점에서는 전자기학의 성립과 밀접하게 관련되어 있습니다. 이온을 발견하게 해준 전기 분해는 염소나 알루미늄 등의 생산에도 이용됩니다.

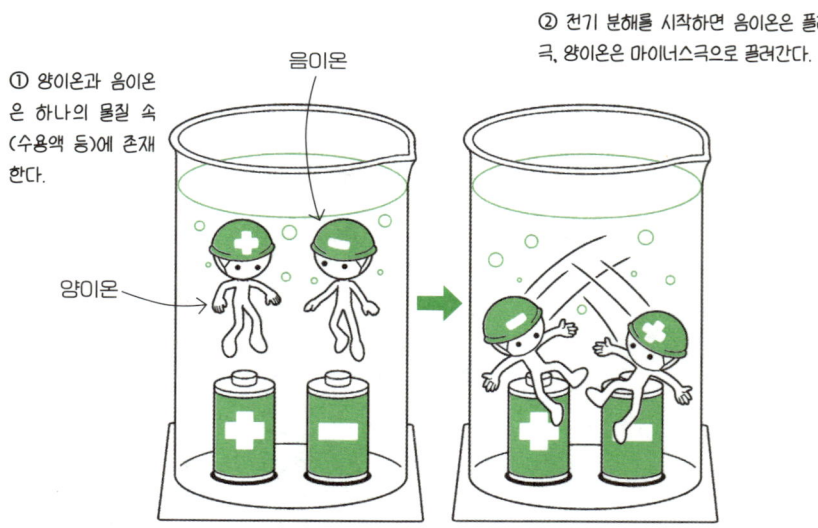

① 양이온과 음이온은 하나의 물질 속(수용액 등)에 존재한다.

음이온

양이온

② 전기 분해를 시작하면 음이온은 플러스극, 양이온은 마이너스극으로 끌려간다.

전기 분해를 활용하면 다양한 물질을 만들 수 있다. 현재 새로운 시대의 에너지로 주목받는 수소 엔진의 개발도 전기 분해를 응용한 기술이다.

발전 방법의 차이에 따른 장단점

S DGs(지속가능발전목표)가 결의되면서 '재생 가능 에너지'라는 용어를 자주 듣습니다. 반면, 원자력 발전은 후쿠시마 사고가 난 다음부터 매우 위험한 이미지를 떠안게 되었지요. 왜 에너지를 전부 재생 에너지로 대체하지 못하는지 궁금하게 생각하는 분도 많으시겠지요. 그 이유는 발전 방법에 따른 장단점이 있기 때문입니다.

재생 가능 에너지가 만능은 아니다

2021년 시점에서 화력 발전은 일본 전체 전력의 약 70%를 맡고 있었습니다. 화력 발전은 화석 연료를 태워서 물을 데워 증기로 만들고 그 증기의 힘으로 터빈을 회전시켜 발전기를 움직이는 원리로 운영됩니다. 하지만 그 과정에서 온실가스가 발생하기 때문에 지구 환경 문제가 지적됩니다. 원자력 발전의 원리는 화력 발전과 다름없지만, 연료로 우라늄이 핵분열할 때 발생하는 열을 활용하므로 온실가스가 생기지 않습니다. 화력 발전과 원자력 발전 두 가지는 날씨에 영향을 받지 않아 전력 공급이 안정되므로 '기저 전원'이라고도 불립니다.

재생 가능 에너지에는 수력, 태양광, 풍력 등이 있습니다. 온실가스가 나오지 않는다는 장점이 있지만, 날씨에 영향을 많이 받아 안정된 공급으로는 적합하지 않으므로 기저 전원에는 포함되지 않습니다. 그러므로 현재는 화력을 주력으로 하고 재생 가능 에너지를 날씨와 시간대에 맞게 교체하는 식으로 전력을 운용하고 있습니다.

5장

이 세상 모든 것을 만든다! 원자 물리학

INTRODUCTION

운동 방정식이 통용되지 않는 미시 세계

4장까지 다루었던 역학은 모두 뉴턴의 운동 방정식을 토대로 다양한 현상을 설명하고자 했습니다. 그러나 19세기에 들면서 고전 물리학만으로는 설명할 수 없는 현상이 미시 세계에서 일어난다는 사실이 알려지기 시작했습니다. 현대 물리학의 큰 주제가 된 양자론이 탄생한 계기였습니다.

아주 먼 옛날부터 알고 있던 빛의 성질

고전 물리학에서 해명되지 않았던 대표적 예가 빛입니다. 뉴턴은 모든 물체는 운동으로 설명할 수 있다고 생각해 빛도 입자에 의한 현상으로 파악하려고 했습니다.

당시부터 빛에는 직진, 반사, 굴절이라는 세 가지 성질이 있다고 알려져 있었습니다. 빛의 직진은 깜깜한 곳에서 손전등을 켰을 때 빛이 공기 중을 똑바로 나아가는 모습을 보고 알 수 있습니다. 손전등의 빛을 벽에 비추면 벽에 빛이 투사됩니다. 이것이 반사입니다. 손전등의 빛을 수면에 닿게 하면 빛은 물속에서 꺾여 굽습니다. 이것을 굴절이라고 하며, 물질에 따라 굴절률이 다릅니다. 이 성질들은 빛이 입자라고 해도 설명할 수 있었습니다.

입자의 운동으로는 설명할 수 없는 빛의 움직임

그러나 1805년, 영국의 영이 빛의 간섭 실험을 해보았더니, 빛이 입자라고 하면 절대 나타날 수 없는 파동과 비슷한 현상이 관측되었습니다. 빛을 파동 현상으로 생각했더니 직진과 굴절 외의 다른 여러 특징이 보였습니다. 예를 들어 일곱 색으로 보이는 비눗방울을 볼까요. 원래 빛은 스펙트럼이라는 일곱 파장을 가지는 빛이 합쳐져 하얗게 보입니다. 그러나 비눗방울에 떠오른 유막의 두께는 빛의 파장 정도밖에 되지 않아, 막의 윗면과 아랫면에 반사된 빛이 어느 파동에서는 합쳐져서 강해지고, 어느 파동에서는 합쳐져서 약해지는 간섭을 일으키고, 결과로 색이 있는 것처럼 보입니다.

빛과 전자는 입자성과 파동성을 모두 가진다

이 같은 연구로 빛은 입자성과 파동성의 이중성을 가진다는 사실이 알려졌습니다. 아인슈타인은 광자(광양자)라는 물질을 가정했고 광양자설(→94쪽)을 주장했습니다. 광자란 빛을 만드는 물질이라고 생각하면 됩니다. 아인슈타인이 광양자설을 제창한 이후, 빛의 연구는 계속 진행되었고 입자와 파동의 성질을 가지는 점이 증명되었습니다. 나중에 전자와 빛은 같은 성질을 가진다는 사실이 밝혀졌고, 이는 입자의 움직임을 역학적으로 해석한 원자 물리학의 초석이 되었습니다.

POINT

▶ 입자의 움직임은 뉴턴 역학으로는 설명할 수 없다.
▶ 빛은 입자의 성질과 파동의 성질이 있다.
▶ 전자도 빛과 같은 이중성이 적용된다.

광양자설

FILE.
066

제창자	알베르트 아인슈타인
제창된 해	1905년
관련 용어	영의 간섭 실험, 광전 효과, 광전자

빛은 역학이나 전자기학 같은 고전 물리학에서는 설명할 수 없었습니다. 뉴턴은 빛 = 입자라고 주장했지만, 영의 간섭 실험으로 빛은 파동이기도 하다는 사실이 밝혀졌습니다. 나중에 독일의 필리프 레나르트와 헤르츠 등의 과학자가 광전 효과라는 현상을 발견했습니다. 광전 효과는 금속에 특정한 빛을 조사하면 금속 안에서 전자가 튀어나오는 현상을 말합니다. 즉, 금속 안에 존재하는 전자가 빛에서 어떤 에너지를 받아 튀어나온다고 생각했습니다. 이 효과를 고전 물리학의 테두리에서 벗어나 설명했던 사람이 그 유명한 아인슈타인이었습니다.

[광전 효과]

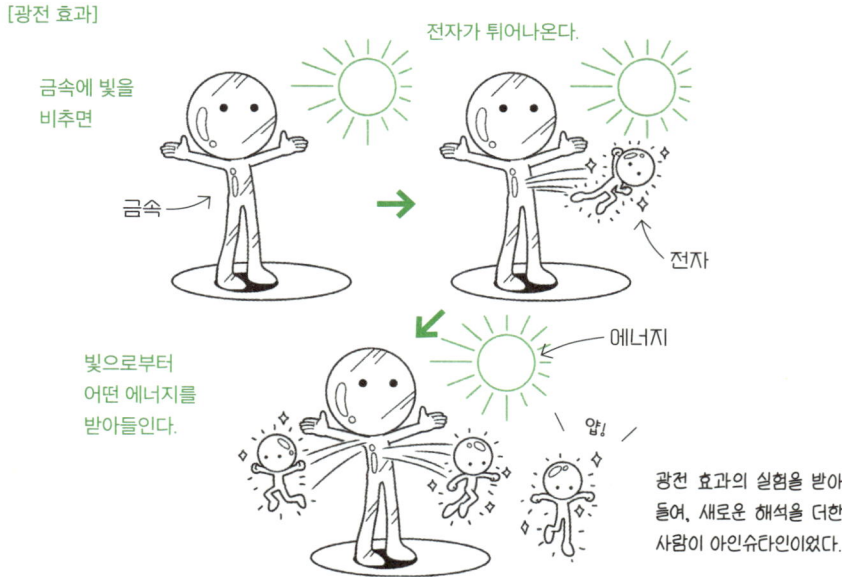

전자가 튀어나온다.

금속에 빛을 비추면

금속

전자

빛으로부터 어떤 에너지를 받아들인다.

에너지

얍!

광전 효과의 실험을 받아들여, 새로운 해석을 더한 사람이 아인슈타인이었다.

1905년, 아인슈타인은 빛은 입자처럼 알갱이 상태로 공간 내에 존재한다는 광양자설을 제창했습니다. 광양자설 덕분에 빛을 쏘았을 때 광전 효과가 일어나는 원리가 해명되었고, 빛은 입자면서 파동이라는 사실도 알려졌습니다. 광양자설은 오늘날 빛의 해석으로 이어집니다. 빛은 입자면서 파동이기도 하다는 성질을 '빛의 이중성'이라고도 합니다. 아인슈타인은 광양자설을 제창한 1905년에 브라운 운동, 특수 상대성 이론에 관한 논문도 발표했기 때문에 그 해를 물리학의 '기적의 해'라고도 합니다.

[빛의 특징 ① 입자성]

빛은 공간 내에서 입자로 존재한다.

둥둥 떠 있어요.

빛

[빛의 특징 ② 빛의 운동 에너지]

아인슈타인의 광양자설을 기반으로 빛의 에너지는 덩어리가 되어 금속 안의 전자에 흡수된다는 사실을 알았다.

얍!

집합!

전자

아인슈타인의 광양자설은 1916년에 미국의 물리학자 밀리컨이 했던 실험으로 실증되었습니다. 이 실험으로 '광전 효과가 일어나기 위해서는 최소의 진동수가 필요하고, 그 이하의 진동수인 빛에서는 아무리 강한 빛이라도 광전 효과가 일어나지 않는다' '광전자(광전 효과에 의해 빛의 에너지를 흡수해서 방출된 자유 전자 등)가 가지는 최대의 운동 에너지는 빛의 세기와는 상관없다' '광전자가 가지는 최대의 운동 에너지는 빛의 진동수에 비례한다' 같은 사실들을 알 수 있었습니다. 이에 따라 빛은 에너지 덩어리가 되어 금속 안의 전자로 순식간에 흡수된다고 배우게 되었죠.

드브로이파

제창자	루이 드브로이
제창된 해	1924년
관련 용어	광양자설, 광전자

FILE.
067

아인슈타인의 광양자설은 전 세계 물리학자에게 큰 영향을 주었습니다. 프랑스의 드브로이도 그중 한 사람이었습니다. 그는 광자에 이중성이 있다면 전자에도 이중성이 있을 것이라는 가설을 세우고, 다양한 실험을 반복했습니다. 즉, 빛은 입자성과 파동성을 모두 가지는데 전자는 입자성밖에 없다면 말이 안 된다고 주장했습니다. 여기서 드브로이는 물질이 가지는 파동성을 나타내는 물리량을 물질파(드브로이파)라고 하고, 그 파장을 수식화했습니다. 나중에 미국의 클린턴 데이비슨과 일본의 기쿠치 세이시의 실험에서 그 존재가 증명되었고, 양자 역학의 초석이 되었습니다.

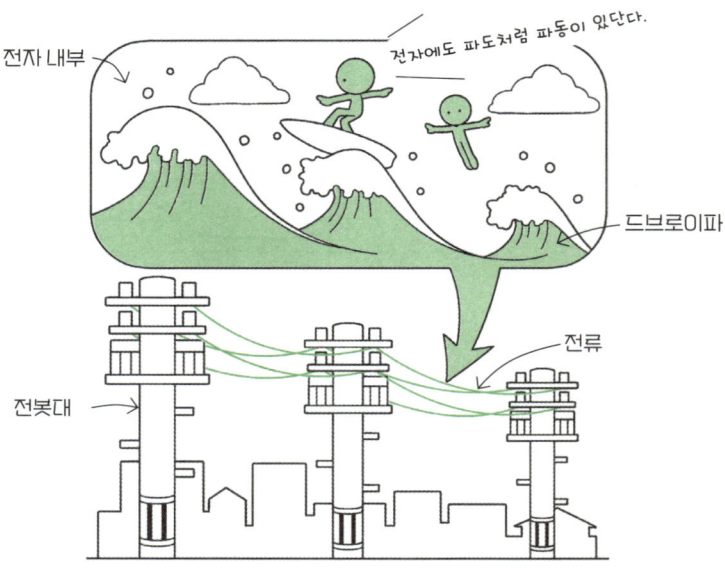

전자에도 이중성이 있다는 사실을 발견하고, 파장을 수식화했다. 발견자의 이름을 따서 드브로이파(波)라고 부른다.

원자 모형

FILE.
068

제창자	조지프 존 톰슨 등
제창된 해	20세기
관련 용어	광양자설, 브라운 운동, 원자

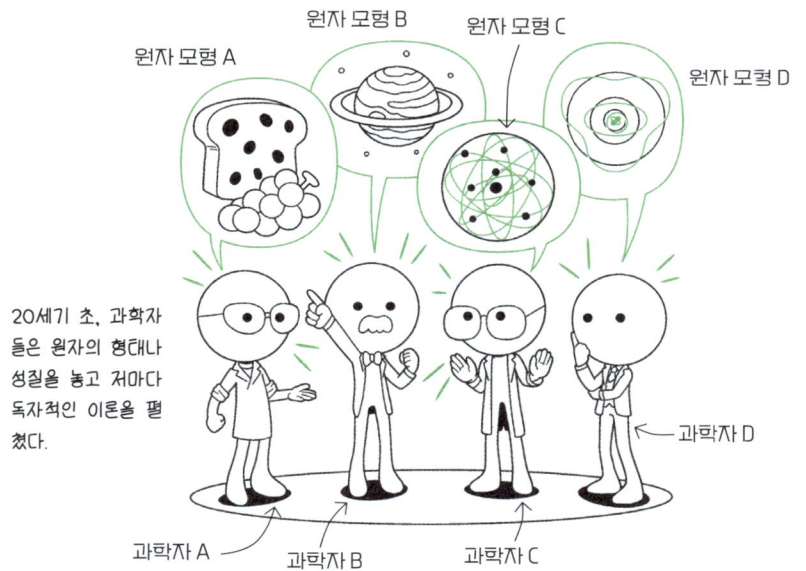

원자 모형 A
원자 모형 B
원자 모형 C
원자 모형 D

20세기 초, 과학자들은 원자의 형태나 성질을 놓고 저마다 독자적인 이론을 펼쳤다.

과학자 A
과학자 B
과학자 C
과학자 D

물리학자들은 광자나 전자와 같은 다양한 입자들에 대해 고민을 거듭해 왔지만, 사실 그 존재를 어떻게 확인해야 하는지 잘 몰랐습니다. 그 가능성을 보여준 사람이 아인슈타인입니다. 아인슈타인은 1827년에 영국의 로버트 브라운의 꽃가루 속에 있는 미립자에 관한 연구를 한층 발전시켜 원자와 분자가 실재할 가능성을 증명했습니다. 다만 그때는 고성능 현미경이 없었기 때문에 원자의 형태는 상상할 수밖에 없었습니다. 그래서 여러 과학자가 독자적인 견해를 바탕으로 저마다 원자 모형(모델)을 만들었습니다. 이렇게 원자의 모양과 성질을 둘러싼 논쟁이 시작되었습니다.

건포도빵 모형

FILE.
069

제창자 ⊨ 조지프 존 톰슨
제창된 해 ⊨ 1904년
관련 용어 ⊨ 전자기학, 브라운 운동, 원자

처음으로 원자 모형을 제창한 사람은 영국의 톰슨입니다. 그는 전자는 마이너스지만 원자는 중성, 즉 원자 내부에는 양전하를 가진 부분이 있다고 생각해 양전하를 가진 빵 반죽에 음전하가 박혀 있는 모습의 건포도빵 모형을 주장했습니다. 하지만 나중에 배제되었습니다.

톰슨은 원자에는 건포도빵의 건포도처럼 전자가 존재한다고 주장했기 때문에 건포도빵 모형이라고 했습니다.

토성 모형

FILE.
070

제창자 ⊨ 나가오카 한타로
제창된 해 ⊨ 1904년
관련 용어 ⊨ 전자기학, 브라운 운동, 원자

이외에도 원자 모형을 주장한 사람들이 있는데 그중 하나가 일본의 나가오카 한타로입니다. 나가오카는 독일에서 유학하며 물리학을 배우고, 귀국 후에 원자 모형 연구에 몰두했습니다. 맥스웰의 논문을 근거로 양전하를 띠는 구가 있고, 그 주위를 위성처럼 전자가 운동한다는 토성과 닮은 원자 모형을 주장했지만, 유럽에서는 주목받지 못했습니다.

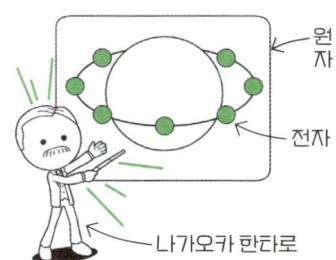

토성 모형은 그 당시에 주목받지 못했지만, 후세에 와서 러더퍼드 모형과 비슷하다는 사실이 알려졌다.

러더퍼드 모형

FILE.
071

제창자	= 어니스트 러더퍼드
제창된 해	= 1911년
관련 용어	= 전자기학, 브라운 운동, 원자, 원자핵

뉴질랜드 출신인 러더퍼드는 방사선의 연구를 하고 있었습니다. 원자에 양전하를 가진 방사선을 쏘았더니 원자의 중심 부분에 닿은 방사선은 그림처럼 반사되었습니다. 이 때문에 러더퍼드는 원자의 중심에 양전하를 가진 심이 있다고 주장했습니다.

원자
러더퍼드

러더퍼드의 실험으로 톰슨 모형에 오류가 있었음이 증명되었다.

수소 원자 모형

FILE.
072

제창자	= 닐스 보어
제창된 해	= 1913년
관련 용어	= 전자기학, 브라운 운동, 원자, 원자핵

보어는 러더퍼드의 제자로, 원자 모형을 연구했습니다. 하지만 러더퍼드 모형에 문제점이 있다고 보았고 '전자는 띄엄띄엄 떨어져 있는 궤도에만 존재한다(정상파)' '전자가 그 궤도 위에 있을 때는 에너지를 방출하지 않는다'라고 가정했습니다. 드브로이파의 개념을 기반으로 그림과 같은 원자 모형을 제창했고, 그 이론은 지금까지도 받아들여지고 있습니다.

보어

현재에는 보어가 제창한 원자 모형이 널리 받아들여지고 있다. 이에 따라 나가오카 모형이 완전히 틀리지는 않았다는 사실도 알려졌다.

원자핵

제창자	어니스트 러더퍼드
제창된 해	1911년
관련 용어	원자 모형, 원소 기호, 원자 번호

FILE.
073

앞에서 설명한 대로 러더퍼드는 방사선을 연구하던 중에 원자는 중심에 양전하를 띠는 원자핵을 가진다는 사실을 발견했습니다. 게다가 보어가 원자의 구조를 밝히면서 물리학자들의 관심은 원자핵으로 옮아갔습니다. 뒤에서 자세하게 또 설명하겠지만 원자핵은 양성자와 중성자로 이루어져 있고 각각 상호 작용으로 결합하고 있습니다. 원자의 종류는 중학교 과학에서 배운 원소 기호로 표시하고, 기호의 왼쪽 위에는 '양성자와 중성자의 합계 수', 왼쪽 아래에는 '양성자의 수'를 씁니다. 양성자의 수를 원자 번호라고 하고, 양성자수가 같고 질량수가 다른 원자를 서로 동위 원소(아이소토프)라고 합니다.

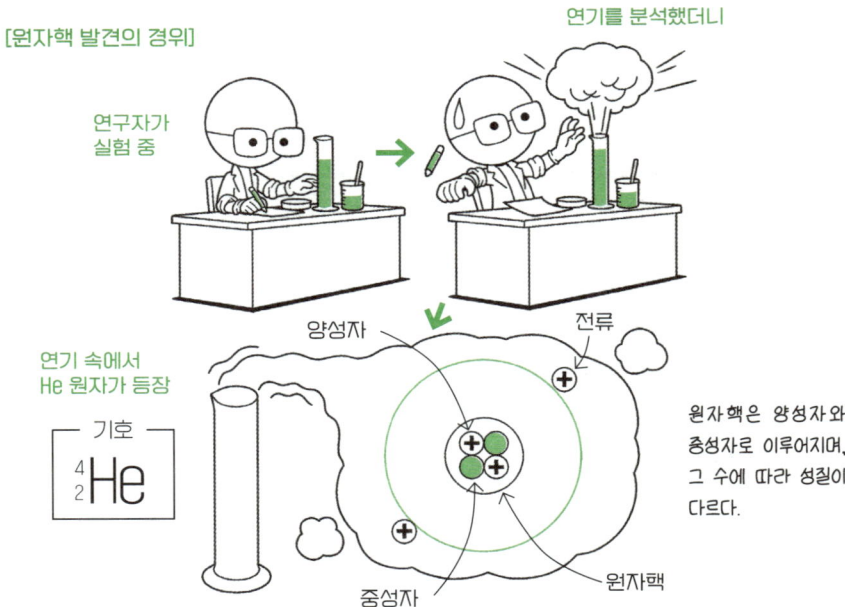

[원자핵 발견의 경위]

연기를 분석했더니

연구자가 실험 중

연기 속에서 He 원자가 등장

기호

$^{4}_{2}He$

양성자

전류

원자핵은 양성자와 중성자로 이루어지며, 그 수에 따라 성질이 다르다.

중성자

원자핵

양성자

제창자	어니스트 러더퍼드
제창된 해	1918년
관련 용어	원자핵, 중성자

FILE.
074

양성자는 원자핵을 구성하는 입자로 양전하를 띕니다. 러더퍼드가 발견했던 그 당시에는 가장 기본적인 물질의 구성 요소라고 보았기 때문에 그리스어로 최초를 의미하는 프로톤이라는 이름을 붙였습니다. 양성자는 수명이 있어, 10^{32}년 이상 시간이 흐르면 붕괴한다고 합니다.

계산상 10^{32}년 이상 지나면 붕괴하는 것으로 알려져 있지만, 아직 연구가 계속 진행되고 있어 확립된 것은 아닙니다.

중성자

제창자	제임스 채드윅
제창된 해	1932년
관련 용어	원자핵, 중성자, 쿼크, 파이 중간자

FILE.
075

중성자는 전기적으로 중성을 유지합니다. 양성자와 질량이 거의 같으며, 양성자와 중성자는 원자핵 내부에 있을 때는 매우 강한 힘으로 결속되어 있습니다. 이 힘은 양성자와 중성자를 구성하는 쿼크(→156쪽)에 작용하는 힘이라고 보며, 일본 첫 노벨 물리학상 수상자인 유카와 히데키도 관심을 가지고 연구했습니다. 나중에 파이 중간자로 설명됩니다.

양성자와 중성자는 매우 강한 힘으로 결속되어 있다. 이 힘에는 파이 중간자가 관련이 있다.

특수 상대성 이론

제창자	알베르트 아인슈타인
제창된 해	1905년
관련 용어	질량과 에너지의 등가성, 쌍둥이 역설, 일반 상대성 이론

FILE.
076

아인슈타인은 광속은 어디에서 측정해도 바뀌지 않는다는 설을 내세웠고, 이를 근거로 장소나 운동 때문에 시간이 달라지는 것이라고 설명했습니다. 이것이 이른바 특수 상대성 이론의 초석이 되었습니다. 참고로, 특수 상대성 이론은 중력의 영향이 없는 상태를 가정하고 성립하기 때문에 '특수한 조건'이라는 의미를 넣어 붙여진 이름입니다. 뉴턴 역학에서는 시간은 과거에서 미래까지 똑같이 흐르고 우주의 어디에서나 같다고 했지만, 특수 상대성 이론은 이것을 뒤집는 이론이었습니다. 즉, 시간과 공간은 절대적이지 않고 질량이나 속도와 비슷한 물리량임을 재인식하게 되었지요.

[뉴턴]

지구  우주

뉴턴 역학에서는 지구에 있든 우주에 있든, 시간은 누구에게나 평등하게 흐른다고 생각했다.

[아인슈타인]

지구  우주

아인슈타인의 특수 상대성 이론에서는 지구와 우주에서는 시간의 흐름이 다르다고 본다.

질량과 에너지의 등가성

제창자	알베르트 아인슈타인
제창된 해	1905년
관련 용어	질량 보존의 법칙, 특수 상대성 이론, 일반 상대성 이론

FILE. 077

특수 상대성 이론에서 도출된 $E = mc^2$라는 식은 아마도 물리학 사상, 가장 유명한 식이겠지요. 이 식은 질량과 에너지는 같으며 질량에서 에너지가 만들어지고, 에너지는 질량이 될 수 있다는 관계를 나타냅니다. 바로 질량과 에너지의 등가성입니다. 지금까지 소개해 온 열, 전기, 소리, 위치, 운동 등의 에너지는 모두 질량으로 변형 가능하다고 보았습니다. 이것은 그때까지 믿어져 왔던 질량 보존의 법칙의 상식을 뒤엎는 생각이었으므로, 처음에는 무시되었습니다. 하지만 나중에 많은 과학자의 지지를 얻어 널리 알려졌고, 지금은 원자 물리학의 기초가 되었습니다.

질량과 에너지의 등가성을 나타냈던 초기에는 엉뚱한 이론이라고 다른 과학자들에게 무시당했다.

아인슈타인

쌍둥이 역설

제창자	알베르트 아인슈타인
제창된 해	1905년
관련 용어	특수 상대성 이론, 일반 상대성 이론

FILE.
078

특수 상대성 이론의 상징적인 개념은 움직이는 물체는 서로 상대의 시간이 느리게 진행하는 듯이 보인다는 것입니다. 쌍둥이 중 형이 빛의 속도에 가까운 속도로 움직이는 로켓을 타고 우주로 향해 간다고 해봅시다. 이때 동생은 계속 지구에 있다고 가정합니다. 형은 초속 20만㎞의 속도로 움직여, 10년 후에 돌아옵니다. 특수 상대성 이론에서는 형이 지구로 돌아왔을 때, 형은 열 살을 더 먹은 데 비해, 동생은 열두 살을 먹었다고 봅니다. 그러나 형의 입장에서는 지구가 초속 20만㎞로 멀어지고 있었지요. 이를 특수 상대성 이론의 모순, 쌍둥이 역설이라고 합니다.

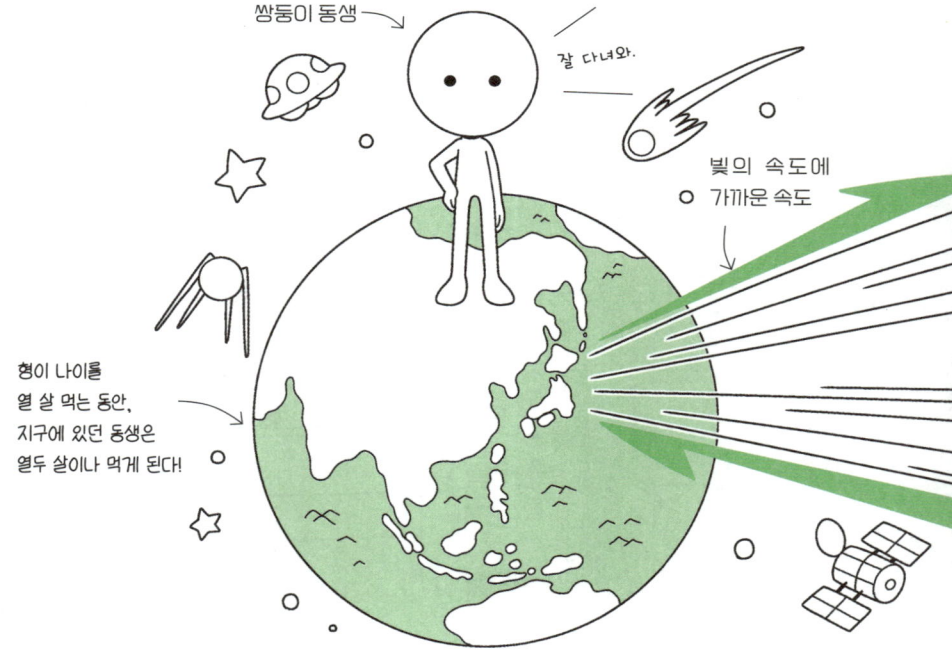

쌍둥이 동생

잘 다녀와.

빛의 속도에 가까운 속도

형이 나이를 열 살 먹는 동안, 지구에 있던 동생은 열두 살이나 먹게 된다!

　모순처럼 생각되지만 원래 특수 상대성 이론은 관측자가 등속 직선 운동을 하는 경우에만 적용됩니다. 다시 말해 서로 등속 직선 운동을 하는 경우에만 상대의 시간이 자신보다 느리게 간다는 말입니다. 잠깐 관성의 법칙(→17쪽)을 떠올려 봅시다. 로켓 안에서는 반드시 가속도 운동이라는 겉보기 힘(관성력)이 작용합니다. 지구에 머물러 있는 동생에게는 이 겉보기 힘이 작용하지 않습니다. 어디까지나 가속하는 쪽은 로켓 내에 있는 형뿐이므로 형만 시간이 느려집니다. 실제로 느려지는 과정을 살펴보면 로켓이 돌아오기 시작할 때 가속하므로 찰나의 시간만 지나는데, 형이 본 지구의 시계는 빠르게 지나갑니다. U턴하기 전까지는 4년밖에 지나지 않았지만 되돌아오기 시작하는 단계에서 형의 시계는 5년인데 지구의 시계는 8년이 지나게 됩니다. 이 쌍둥이 역설은 나중에 아인슈타인이 발표하는 일반 상대성 이론으로 설명할 수 있습니다.

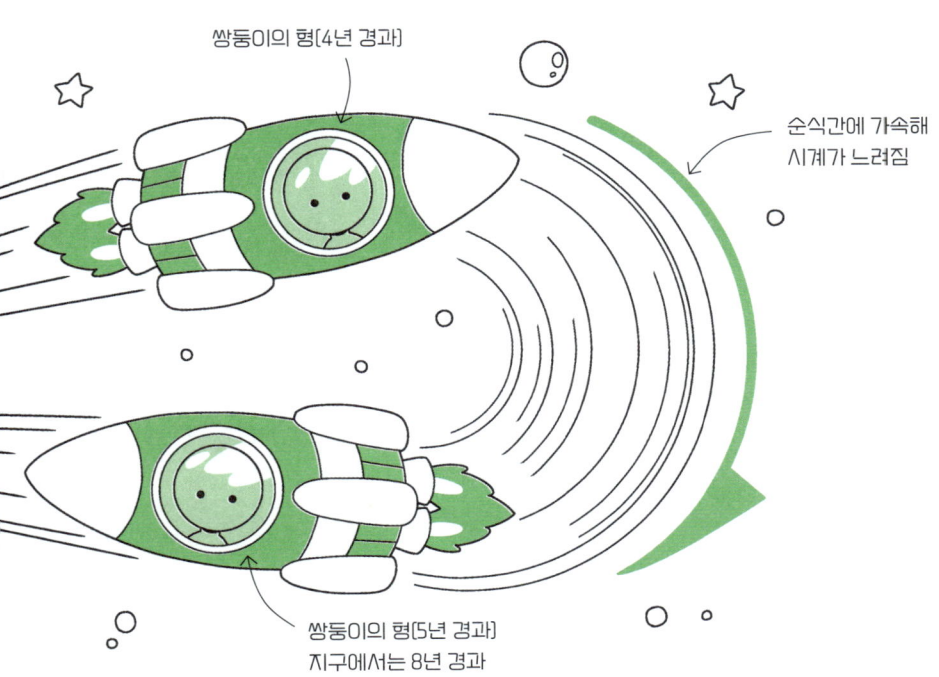

쌍둥이의 형(4년 경과)

순식간에 가속해 시계가 느려짐

쌍둥이의 형(5년 경과)
지구에서는 8년 경과

일반 상대성 이론

FILE. 079

제창자	알베르트 아인슈타인
제창된 해	1915년~16년
관련 용어	특수 상대성 이론, 질량과 에너지의 등가성

　특수 상대성 이론은 중력의 영향이 없는 상태에서 생각하지만 일반 상대성 이론은 중력의 영향까지 고려합니다. 일반 상대성 이론의 핵심은 물체의 속도가 빛의 속도에 가깝지 않다고 해도 중력에 따라 시간의 진행 방식이 변화한다는 점입니다. 여기서 '중력과 가속도는 같다(등가 원리)' '중력장에 있든 가속장에 있든 자연법칙은 똑같이 성립한다(일반 상대성 원리)' 등의 개념이 도출됩니다. 중력장과 가속장은 각각 중력이 작용하는 공간, 가속하는 힘이 작용하는 공간이라고 알아두시면 됩니다.

가속하고 있어요!

자유 낙하하고 있어요~.

등가 원리에서는 자유 낙하를 할 때든 로켓으로 가속할 때든 질량은 같다.

일반 상대성 이론을 기반으로 아인슈타인이 최종적으로 도출한 식이 아인슈타인 방정식입니다. 매우 복잡한 수식이지만, 의미는 시간이나 공간과 물질, 에너지의 관계를 하나의 방정식으로 나타낸 표현으로 이해해 둡시다.

아인슈타인 방정식은 중력에 관한 현상을 설명하는 만능 방정식이다. 우주 물리학의 발전에 크게 영향을 주었다.

중력

우주

아인슈타인

블랙홀

블랙홀

아인슈타인 방정식은 중력에 관련된 모든 현상을 설명합니다. 예를 들어, 아인슈타인 방정식에서 중력의 강도를 작게 하면 만유인력의 법칙과 같은 의미가 나옵니다. 즉, 뉴턴이 발견한 만유인력의 법칙은 중력에 의한 영향이 작은 상황에서 일어난다는 말입니다. 반대로 중력을 강하게 하면 블랙홀(→127쪽)을 나타내는 답이 나옵니다. 게다가 우주의 법칙인 우주 팽창(→129쪽) 등도 아인슈타인 방정식으로 설명됩니다. 이렇게 아인슈타인은 두 상대성 이론을 활용해 우주의 비밀을 푸는 힌트를 만들어 냈습니다.

핵분열

FILE.
080

제창자	오토 한, 리제 마이트너 등
제창된 해	1938년
관련 용어	원자핵, 양성자, 중성자, 핵융합

원자핵(→100쪽)에는 결합 에너지가 존재합니다. 결합 에너지를 분열시키기 위해 원자핵에 중성자를 부딪치게 해 에너지를 얻는 일을 핵분열이라고 합니다. 핵분열이 잘 일어나는 물질은 우라늄 235로 핵분열을 일으키기 어려운 천연 우라늄(우라늄 238)에 함유되어 있습니다. 주로 원자력 발전과 핵폭탄에 활용됩니다.

결합 에너지

원자핵을 분열시키는 일을 핵분열이라고 하고 원자력 발전 등에 응용한다.

핵분열

핵융합

FILE.
081

제창자	한스 베테
제창된 해	1939년
관련 용어	원자핵, 양성자, 중성자, 핵분열

질량수가 작은 원자에 부딪혀 질량이 더 큰 원자가 되는 현상을 핵융합이라고 합니다. 핵융합은 별의 에너지 발생을 연구하던 한스 베테가 태양을 포함한 별의 에너지원이 핵융합이라는 사실을 발표해 널리 알려졌습니다. 핵분열보다 에너지가 크다고 합니다.

작은 원자를 부딪치게 하여

큰 원자를 만듦

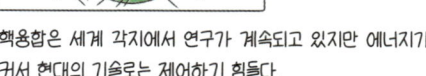

핵융합은 세계 각지에서 연구가 계속되고 있지만 에너지가 커서 현대의 기술로는 제어하기 힘들다.

방사선

FILE. 082

제창자	= 앙리 베크렐
제창된 해	= 1896년
관련 용어	= 방사성 붕괴, X선, 반감기

[방사성 붕괴]

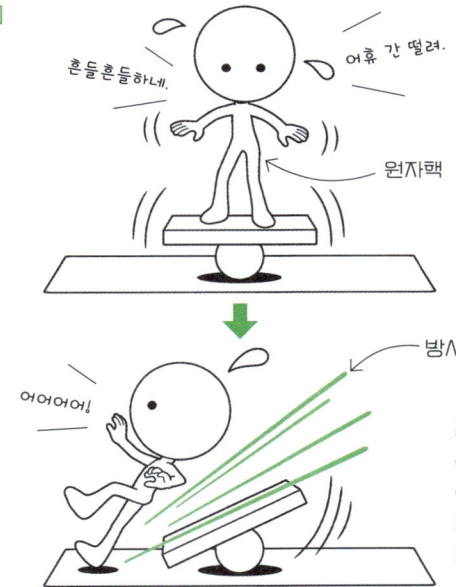

흔들흔들하네.

어휴 간 떨려.

원자핵

어어어어!

방사선

불안정한 물질에서 여분의 에너지가 방출될 때 방사선이 발생한다. 단위는 발견자의 이름을 딴 베크렐 등이 있다.

    핵분열 등으로 원자핵에서 방사선이 방출됩니다. 자연계에 존재하는 우라늄이나 라듐이라는 원자핵은 원래 불안정해 여분의 에너지를 입자나 전자기파의 형태로 방출하고 다른 원자핵이 됩니다. 이 현상을 방사성 붕괴라고 합니다. 프랑스의 베크렐이 우라늄 염의 빛을 연구하던 중에 우연히 우라늄이 방사선을 방출한다는 사실을 깨달았지요. 방사선은 고에너지의 입자 또는 전자기파(α선, β선 등)를 말하며 방사성 물질은 '자연에 방사선을 발생하는 불안정한 물질', 방사능은 '방사선을 내는 성질이나 능력'이라고 구별하므로 잘 기억해 두세요.

X선

제창자	빌헬름 뢴트겐
제창된 해	1895년
관련 용어	방사선, 반감기

FILE.
083

발견자의 이름에서 알 수 있겠지만, X선은 병원에서 엑스레이를 찍을 때 사용되는 방사선의 일종입니다. X선은 뢴트겐이 발견한 당시에 정체불명의 광선이라는 의미로 붙인 이름입니다. 뢴트겐은 X선을 이용해 손의 사진을 찍었더니 뼈 등의 조직이 잘 보이는 것을 보고, 의학에서 활용하면 되겠다고 생각했습니다. X선 기술은 제1차 세계대전에서 큰 공적을 남기며 보급되었습니다. 여성 과학자 마리 퀴리도 방사선의 연구에 정진한 인물로 폴로늄과 라듐이라는 방사성 물질을 발견해 노벨 물리학상을, 금속 라듐을 분리해 노벨 화학상을 받았습니다. 다른 과학 분야에서 각각 노벨상을 수상한 인물은 마리 퀴리가 유일합니다.

돌이 빛난다

뢴트겐

손을 겹쳐 보니

뼈가 비쳐 보였다!

X선

지금은 널리 보급된 엑스레이 검사, 제1차 세계대전에 활용되어 널리 퍼졌다. 실제로는 사진 건판이라는 재료를 이용해 뼈의 사진을 촬영했다.

반감기

제창자 = 어니스트 러더퍼드 등
제창된 해 = 20세기
관련 용어 = 방사선

FILE.
084

러더퍼드는 제자와 함께 방사성 물질의 방사능이 기존 방사능의 반이 되는 시간을 측정했습니다. 이 시간을 반감기라고 합니다. 반감기는 물질마다 다릅니다. 유명한 방사성 물질인 아이오딘 131, 세슘 134, 세슘 137의 반감기는 각각 약 8일, 2년, 30년입니다.

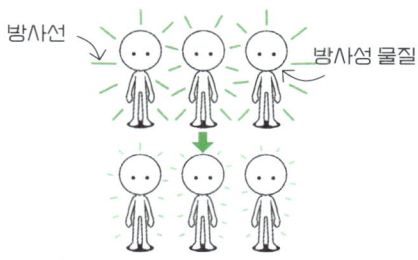

방사선을 발생하는 능력이 절반으로 떨어지는 시간을 반감기라고 한다. 방사성 물질에 따라 반감기는 크게 다르다.

방사성 동위 원소

제창자 = 앙리 베크렐 등
제창된 해 = 20세기
관련 용어 = 방사선, 반감기, 삼중수소

FILE.
085

원자핵의 양성자 수가 같고, 중성자 수가 다른 원소를 동위 원소라고 합니다. 이 중에서 방사능을 가지는 것을 방사성 동위 원소라고 합니다. 예를 들어, 수소의 원자핵은 통상 양성자 1개, 중성자 0개지만, 양성자 1개, 중성자 2개인 수소를 방사성 동위 원소인 삼중수소라고 합니다.

방사선이 없는 수조에서도

삼중수소가 되면 방사선을 방출한다

수소의 중성자가 2개가 되면 삼중수소가 된다.

핵폭탄

FILE.
086

제창자	로버트 오펜하이머 등
제창된 해	1943년
관련 용어	원자핵, 핵분열

핵폭탄(원자 폭탄)은 정치적인 의미로 언급되는 경우가 많지만, 핵폭탄이 작동하는 원리에는 핵분열이 응용되었습니다. 원자핵에 중성자를 부딪치게 해서 핵분열을 일으킨다는 이야기는 앞에서 했는데, 이 중성자가 다른 원자핵에 부딪히면 또 핵분열이 일어납니다. 이 현상이 반복되면 에너지를 끝없이 생성하는 연쇄 반응이 일어납니다. 연쇄 반응이 일정하게 계속되는 양을 임계라고 합니다. 물질이 임계량에 도달하면 핵분열이 짧은 시간 동안에 일어나, 순간적으로 폭발적인 에너지를 만들고 방사선을 발생시킵니다. 이러한 과정을 응용해 핵폭탄을 만들었습니다. 임계에 도달하는 물질에 따라 방사선의 종류가 다릅니다.

[연쇄 반응]

핵분열로 연쇄 반응이 일어나 임계에 도달하면 폭발적인 에너지를 발생시킨다.

제2차 세계대전 당시 일본에 투하한 핵폭탄을 개발한 사람은 미국의 오펜하이머라는 물리학자였습니다. 1940년대의 선진국 대부분은 이미 핵폭탄 제조 방법을 알고 있었습니다. 하지만 핵분열을 제어하며 폭탄으로 만들려면 복잡한 계산이 필요해 독일을 비롯한 여러 나라에서는 제작을 시도하지 못하고 있었습니다. 이때 핵폭탄 개발에 공헌한 기술은 바로 컴퓨터입니다. 당시 플루토늄은 매우 귀했기 때문에 IBM이 개발한 컴퓨터로 이론 계산을 하고 제조에 들어갔습니다. 미국의 핵폭탄 개발은 맨해튼 프로젝트(→114쪽)라고 불렀습니다. 핵폭탄은 아주 위험한 무기지만, 현대에 이르기까지 큰 기술 혁명을 불러온 계기가 되기도 했습니다. 1955년에 미국이 원자력을 평화적으로 이용하자는 기조에 발을 내딛기 시작했고 원자력 발전이 탄생했습니다.

핵폭탄의 연구는 원자력 연구뿐만 아니라 컴퓨터가 발달하는 계기가 되기도 했다. 원자 물리학은 인류의 역사에 빛과 어둠을 동시에 만들었다.

핵폭탄

원자력

원자력 발전

컴퓨터

히로시마와 나가사키에 떨어진 원자 폭탄의 차이

제2차 세계대전 때 일본 히로시마와 나가사키는 핵폭탄에 의해 궤멸적인 타격을 받았습니다. 히로시마에 떨어진 폭탄은 우라늄 235로 만들었습니다. 루스벨트 미국 대통령의 별명에서 따온 리틀 보이라고 불렀습니다. TNT 폭약으로 환산하면 약 16킬로톤(kt) 분의 파괴력으로 약 1.6만 톤(t)의 위력입니다. 나가사키에 떨어진 폭탄은 플루토늄 239로 만들었습니다. 이쪽은 처칠 영국 수상의 별명에서 따온 팻맨이라는 이름이 붙었고, 약 21kt의 폭발력이 있었습니다.

오펜하이머와 맨해튼 프로젝트

미 국의 크리스토퍼 놀런 감독의 2023년 개봉작 '오펜하이머'는 그해 아카데미 작품상을 수상하는 등 큰 화제를 모았습니다. 줄리어스 로버트 오펜하이머는 원자 폭탄의 아버지라고 불리는 실존 인물로 맨해튼 프로젝트를 주도하고 원자 폭탄의 개발에 큰 역할을 했습니다.

독일의 군사 과학력에 대한 위기의식

맨해튼 프로젝트의 시작에는 독일의 위협이 있었습니다. 원래 원자력 발전과 원자 폭탄의 원리인 핵분열은 1938년에 나치 체제 아래의 독일에서 오토 한, 리제 마이트너 등의 연구자들이 발견했습니다. 이에 자극을 받아 미국에서도 핵분열 연구가 진행되었고 유럽에서 망명한 연구자들을 다수 채용했습니다. 이 연구자들은 독일이 원자 폭탄을 제조할지도 모른다는 사실에 걱정했습니다.

맨해튼 프로젝트에 참가한 과학자들.

만약 독일이 원자 폭탄을 먼저 완성한다면 전 세계가 나치의 파시즘에 지배된다고 생각했기 때문입니다. 이런 생각에 미국의 연구자들도 호응했습니다. 국방을 위해 과학 연구가 공헌해야 한다고 강하게 인식하기 시작했지요.

미국은 1940년에 국방 연구 위원회를 조직하고, 1년 후에는 개발 부서를 만들어 원자 폭탄 연구에 정부의 지원과 개입을 강화했습니다. 이렇게 1942년에 맨해튼 프로젝트라는 이름으로 본격적인 국가 군사 프로젝트가 시작되었습니다.

1940년대에 빠르게 발전한 핵분열 연구

같은 시기에 미국 국내에서는 핵분열에 관련된 연구가 빠르게 진전하고 있었습니다. 영국에서 온 마우드(MAUD, Military Application of Uranium Detonation Committee) 위원회 보고로 천연 우라늄 중에 0.7%만 있는 우라늄 235의 농축법을 알아냈고, 캘리포니아 대학에서 우라늄 속에서 생성되는 플루토늄 분리에 성공했습니다. 연구자들은 미국 전역에 흩어져 있었는데, 지식을 더 집적하기 위해 맨해튼에 모여들었습니다. 그리고 육군의 협력을 얻어 '맨해튼 엔지니어 디스트릭트(맨해튼 프로젝트의 정식 명칭)'가 조직되었습니다. 당시 최고기밀의 군사 프로젝트로 엄격하게 정보를 통제했습니다.

오펜하이머의 갈등

원자 폭탄 연구에서 매우 큰 역할을 맡았던 사람이 바로 오펜하이머였습니다. 당시 캘리포니아 대학에서 연구하던 오펜하이머는 맨해튼 프로젝트가 본격화되자, 원료 생산의 거점으로 설립된 로스앨러모스 연구소의 소장으로 취임했습니다. 능력 있는 연구자가 모여들었는데, 그 안에는 나중에 노벨 물리학상을 받은 리처드 파인먼도 있었습니다. 로스앨러모스 연구소는 1945년 여름에는 과학자 1,300여 명을 비롯해 약 6,700명에 이르는 거대 연구 조직이 되었습니다. 당시 오펜하이머는 우수한 지도력을 발휘해 극히 도덕성 높은 연구자 조직을 형성했다고 말했습니다.

양자 역학, 핵물리학, 이론물리학 등 다양한 분야에 큰 업적을 남긴 오펜하이머(1904~1967).

1945년 7월 16일에 플루토늄을 원료로 하는 최초의 원자 폭탄이 완성되었고, 로스앨러모스에서 남쪽으로 약 300㎞ 떨어진 사막 지대에서 인류 최초의 핵실험이 이루어졌습니다. 일본에 원자 폭탄이 떨어지기 약 1개월 전의 사건이었습니다. 오펜하이머는 원자 폭탄 투하 후에 "과학자는 죄를 안다."라는 말을 남겼습니다. 여기에는 과학의 진보와 인류의 희생이라는 갈등이 있었을지도 모르겠습니다.

TNT 환산

제창자	요제프 빌브란트 등
제창된 해	20세기
관련 용어	핵분열, 핵폭탄

FILE.
087

TNT는 트라이나이트로톨루엔의 머리글자를 딴 약칭으로 폭약 등에 사용하는 물질입니다. 폭발에서 에너지의 질량을 TNT 당량이라고 하고, 이를 이용해 폭발력의 크기를 측정하는 일을 TNT 환산이라고 합니다. TNT 환산 1g은 1,000cal이며, 여기서 말하는 칼로리(cal)는 줄(J)로 바꾸면 4.184J로 정의합니다. TNT 화약 1㎏의 위력은 목조 주택 한 채를 완전히 파괴할 정도라고 합니다. 앞에서도 설명했지만 히로시마에 떨어진 핵폭탄은 TNT 환산으로 약 16kt이고, 나가사키에 떨어진 핵폭탄은 약 21kt이라고 합니다. 참고로 구소련이 개발한 세계 최대의 수소 폭탄 차르 봄바의 폭발력은 50메가톤(Mt)으로 히로시마 핵폭탄의 약 3,000배에 달합니다.

1kg
목조 주택
한 채를 파괴

15kt
시가지를 파괴

50Mt
지구 규모의
파괴력

폭발력을 TNT로 바꾸어 계산하는 것을 TNT 환산이라고 한다. 유사 이래 가장 큰 폭탄인 차르 봄바의 충격파는 지구를 세 바퀴 넘게 돌았다고 하며 지진의 규모로 환산하면 규모 8.3 정도라고 한다

고대인이 생각했던 물질을 구성하는 4원소

현대에는 물질이 고체, 액체, 기체의 세 가지로 구성되어 있다고 여깁니다. 하지만, 고대 사람들은 물질이 흙, 물, 공기(바람), 불의 네 가지로 이루어져 있다고 믿었습니다. 이를 일반적으로 4원소설이라고 합니다. 4원소설의 개념은 전 세계로 널리 받아들여졌고, 나중에 연금술이나 동양적 도덕관으로 이어졌습니다.

현대 과학과 통하는 부분도 있다

4원소설에서 말하는 네 원소 중에 흙과 물은 눈에 보이는 물질로 인식되고, 공기와 불은 흙과 물 내부에 포함되어 있다고 여겨졌습니다. 그리고 네 원소 사이에는 플라톤의 윤회라고 하는 순환 관계가 있다고 합니다. 불은 응결하여 공기가 되고 공기는 액화하여 물이 되고, 물은 고화되어 흙이 되고, 흙은 승화하여 불이 된다는 말입니다. 고체가 녹아 액체가 되고, 액체가 증발해 기체가 된다는 현대 과학과도 매우 비슷합니다.

이 개념을 제창한 사람은 기원전 5세기 무렵에 활약한 철학자 엠페도클레스입니다. 그는 이 네 원소를 만물의 근원이라고 부르고, 아무리 쪼개도 더 나누어지지 않는 궁극적 원소라고 생각했습니다. 모든 자연의 사물은 네 원소의 혼합과 분리로 성립된다고 주장했는데, 그 혼합과 결합의 원동력을 사랑과 미움의 두 가지 힘에 의한 것으로 생각했습니다. 사랑의 힘이 지배할 때는 완전하게 혼합되고, 증오가 지배하면 네 원소는 완전히 분리된다니, 조금은 낭만적인 철학이 아닐까요.

신이 되고자 스스로 화산에 뛰어들어 죽었다는 전설로 유명한 엠페도클레스.

6장

별은 어떻게 탄생했을까? 우주 물리학

INTRODUCTION

1400년 넘게 믿어왔던 천동설

우주 물리학은 우주의 수수께끼를 해명하는 분야입니다. 뉴턴이 운동 방정식을 만들기 전부터 많은 학자들이 별의 움직임에 관해 다양한 가설을 내놓았습니다. 많은 학자 중 프톨레마이오스는 고대 그리스를 대표하는 천문학자입니다. 그는 지구를 중심으로 주위의 별이 회전한다는 천동설을 주장했습니다. 프톨레마이오스의 천동설에서는 행성의 복잡한 움직임을 설명하기 위해 지구를 중심으로 한 원 도원(대원)과 행성이 움직이는 작은 원인 주전원이라는 원 궤도를 이용해 회전 비를 조정함으로써 천체의 움직임을 매우 정확하게 설명합니다.

코페르니쿠스가 제창한 지동설

우주의 중심에 태양이 있고 그 주위를 지구, 수성, 목성 등의 행성이 원 궤도를 그리며 돈다는 지동설을 주장한 사람은 코페르니쿠스입니다. 당시 지동설은 그리스 교회가 탄압하던 상황이었기 때문에, 발표하기가 어려웠습니다. 나중에 지동설은 일부의 지식인에게 계승되었고, 케플러와 뉴턴에 의해 행성의 움직임이 지동설에 가깝다는 사실이 증명되어 차차 받아들여졌습니다.

원자 물리학과 밀접하게 관련된 우주의 법칙

　우주에 관한 연구는 미시 세계를 다루는 원자 물리학과 밀접하게 이어져 있습니다. 천체가 어떤 물질로 이루어져 있는지 모르면, 태양이 왜 빛나는지 증명할 수 없습니다. 이에 관한 연구는 1815년에 독일의 요제프 폰 프라운호퍼가 빛이 사라져 검게 보이는 흡수선을 발견한 일을 계기로 시작되었습니다. 나중에 태양의 대기(나트륨)에 의해 빛이 흡수되기 때문에 흡수선이 생긴다는 사실이 알려지고 태양 내부에는 서른 가지 원소가 포함되어 있음이 발견되었습니다. 이렇게 태어난 방법을 분광이라고 하고, 나중에 항성을 만드는 물질이나 상태, 빛이 빛나는 구조를 연구하는 우주 물리학의 기초가 되었습니다.

 ## 아인슈타인도 틀린 우주 팽창

　아인슈타인은 일반 상대성 이론 중에서 우주 팽창 가능성을 지적하면서도 우주 상수라는 함수를 이용해 우주는 정지해 있다고 생각했습니다. 그러나 그 생각은 오해였음이 나중에 판명됩니다. 1929년 미국의 에드윈 허블이 우주가 팽창하는 현상을 관측했기 때문입니다.
이 발견으로 우주의 성립에 관해 다양한 이론이 제창되기에 이르렀습니다.

POINT
▸ 지동설은 역학적인 접근에서 시작해 일반적인 생각으로 받아들여졌다.
▸ 태양에서 온 빛을 분석하면서 천체의 연구가 진행되었다.
▸ 우주 팽창이 관측된 이후, 다양한 연구가 행해졌다.

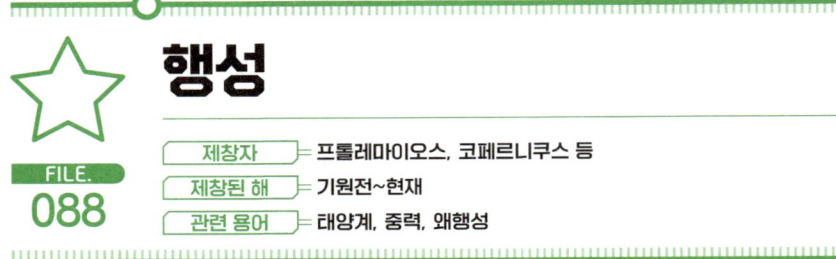

행성

FILE.
088

제창자	프톨레마이오스, 코페르니쿠스 등
제창된 해	기원전~현재
관련 용어	태양계, 중력, 왜행성

우리가 사는 지구는 태양을 중심으로 도는 태양계의 행성 중 하나입니다. 국제 천문 연맹에 따르면 행성의 정의는 ① 태양의 주위를 돌 것 ② 질량이 크고 자기 중력이 고체로서의 힘보다 나은 결과, 중력 평형 상태(거의 구형)를 가질 것 ③ 궤도 주변의 다른 천체를 배제할 것입니다. 이 조건에 해당하는 천체는 수성, 금성, 지구, 화성, 목성, 토성, 천왕성, 해왕성의 여덟 개입니다. 예전에는 명왕성도 행성 분류에 넣었지만, 2006년에 명왕성은 왜행성이라는 범주로 재분류되었습니다. 그 이유는 명왕성 표면의 빛의 반사율이 높고, 예상보다 작았기 때문입니다.

태양계의 행성은 모두 여덟 개이다. 예전에 행성으로 취급되던 명왕성은 관측이 계속되면서 크기가 작다는 점이 알려져 현재는 왜행성으로 분류되었다.

항성

FILE. 089

제창자	프톨레마이오스, 코페르니쿠스 등
제창된 해	기원전~현재
관련 용어	분자 구름, 원시별, 중력

항성이란 스스로의 에너지로 빛나는 별을 말하는데, 그 탄생은 꽤 물리적입니다. 가스가 고밀도로 집약되어, 수소 분자가 주성분인 분자 구름이 압축과 단편화를 반복하며 중심부로 모입니다. 압축이 계속 진행되면 중심에 원시별이 생깁니다. 이에 의해 방대한 중력 에너지가 발생해 별 주위의 가스 일부는 분출되고, 마침내 원시별의 중심부에서 핵융합 반응이 시작되어 항성이 됩니다. 핵융합 반응이 일어나면 전보다 질량이 가벼워지는데, 그 감소한 질량만큼 에너지가 됩니다. 이는 특수 상대성 이론의 질량과 에너지의 등가성(→103쪽)으로 증명되었습니다.

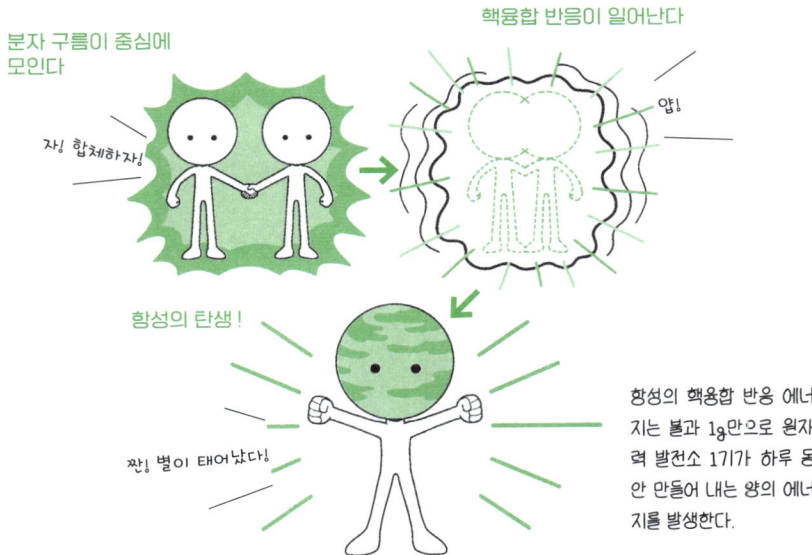

분자 구름이 중심에 모인다

자! 합체하자!

핵융합 반응이 일어난다

얍!

항성의 탄생!

짠! 별이 태어났다!

항성의 핵융합 반응 에너지는 불과 1g만으로 원자력 발전소 1기가 하루 동안 만들어 내는 양의 에너지를 발생한다.

적색 거성

FILE. 090

제창자	프톨레마이오스, 코페르니쿠스 등
제창된 해	기원전~현재
관련 용어	핵융합, 항성

항성은 중심부에서 핵융합 반응을 계속하므로 오랜 시간 동안 계속 빛납니다. 그러나 원료인 수소를 다 소비해 버리면 중심부의 헬륨 핵이 수축하고, 별의 외각 부분이 점점 팽창합니다. 이렇게 수축하는 힘과 팽창하는 힘의 균형이 무너지며 점점 팽창하기 시작하는 항성을 적색 거성이라고 합니다. 점점 팽창하므로 표면적이 무척 크고 매우 밝게 보입니다. 우리가 잘 아는 예로, 오리온자리의 베텔게우스가 있습니다. 베텔게우스는 겨울철 별자리 중에서도 매우 밝게 빛나는데, 빛나는 원인은 별이 팽창하여 주위보다 높은 열을 발하기 때문입니다. 사실 폭발하기 직전인 상황이라고 보고 있습니다.

반짝반짝 빛나는 별이지만

사실은 폭발 직전이라고?

매우 밝은 별은 사실 팽창을 시작으로 폭발을 일으키기 직전인 상태다.

갈색 왜성

제창자 = 프톨레마이오스, 코페르니쿠스 등
제창된 해 = 기원전~현재
관련 용어 = 항성, 적색 거성, 핵융합

**FILE.
091**

적색 거성을 금방이라도 수명이 다할 듯한 별이라고 한다면 갈색 왜성은 아직 작은 어린이 별입니다. 중심부 온도는 핵융합 반응이 일어날 정도로 높지 않습니다. 하지만, 중력에 의해 수축할 때 열을 내놓아 빛나므로 고도의 망원경 등을 이용하면 지구에서도 관측할 수 있습니다.

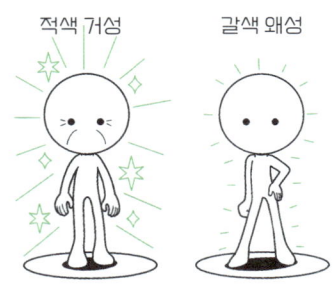

적색 거성   갈색 왜성

갈색 왜성은 빛이 약한 별이다. 중심부의 에너지를 모두 사용하면 암흑이 된다.

중성자별

제창자 = 프톨레마이오스, 코페르니쿠스 등
제창된 해 = 기원전~현재
관련 용어 = 중성자, 항성, 초신성 폭발

**FILE.
092**

별이 수명을 다할 때 일어나는 폭발을 초신성 폭발(→124쪽)이라고 합니다. 초신성 폭발이 일어난 뒤 중심부에 남는 별이 중성자별입니다. 별 전체가 중성자로 되어 있어 고속으로 자전하면서 태양의 약 10억 배나 되는 자력을 발생합니다. 이에 따라 중성자별의 양단에서는 전파 빔이 발사됩니다.

중성자별   빔

중성자별은 고속 자전과 강력한 자력으로 인해 빔을 발사한다.

초신성 폭발

제창자	= 이타가키 고이치 등
제창된 해	= 19세기~현재
관련 용어	= 태양계, 중력, 왜행성

FILE.
093

　스포츠계에서 신인 선수가 활약하면 초신성이라고 표현하기도 하는데, 사실 천체에서 초신성은 수명을 다한 항성이 폭발해 매우 밝게 보이는 천체를 가리킵니다. 그리고 별 전체를 날려버리는 폭발을 초신성 폭발이라고 하지요. 초신성 폭발은 천체의 질량과 폭발의 계기에 따라 I형과 II형으로 분류됩니다. I형은 다른 항성의 영향을 받아 핵융합 반응이 폭주해 폭발이 일어나며, II형은 중심부의 핵융합 반응이 멈춰 자신의 중력을 버티지 못해 폭발합니다. 2018년에 초신성 폭발 직후의 별을 일본의 아마추어 천문가인 이타가키 고이치가 관측해 화제가 되었습니다.

I형
별의 내부에서 핵융합 반응이 폭주해 폭발한다.

II형
별의 중심부의 핵융합 반응이 멈춰 폭발한다.

별의 나이는 몇 살? 질량에 따라 다른 소멸 과정

밤 하늘에 빛나는 별에도 수명이 있습니다. 다만 동물이나 사람처럼 일정 기간이 정해져 있지는 않습니다. 예를 들어 태양 같은 항성은 질량에 따라 수명이 좌우된다고 합니다. 또 지구 같은 행성은 항성에 흡수되어 소멸합니다.

태양의 질량을 기준으로 나뉘는 소멸의 유형

태양을 포함한 항성은 질량에 따라 네 종류의 소멸 방식이 있습니다. 질량이 태양의 0.08배 이하인 항성은 핵융합 반응이 일어나지 않고 천천히 식어 갈색 왜성이 됩니다. 다음으로, 질량이 태양의 0.08~8배인 항성은 수억 년에서 수백억 년에 걸쳐 내부의 원소를 계속 태우고 마지막에는 별 바깥층의 물질을 방출한 다음 백색 왜성이 되어 온화한 죽음을 맞이합니다. 태양도 이와 같은 최후가 되리라 추측합니다.

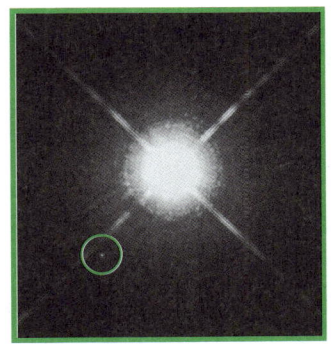

허블 우주 망원경이 찍은 사진. 원안의 작은 점이 최초로 발견된 백색 왜성 시리우스 B이다.

한편, 질량이 큰 항성은 격렬한 핵융합 반응을 일으켜 중력에 의한 초신성 폭발을 일으킵니다. 마지막으로 태양의 25배 이상의 질량을 가진 항성은 초신성 폭발 후에 블랙홀이 됩니다. 수명은 태양의 2,000분의 1 이하라고 합니다.

지구는 태양이 백색 왜성이 되는 과정에서 거대화됨에 따라 태양에 흡수되어 소멸할 것으로 예상합니다. 그러나 그 시기는 지금부터 약 50억 년 후가 되겠지요. 아득히 먼 미래의 이야기네요.

빅뱅

FILE.
094

제창자	조지 가모브, 앨런 구스, 사토 가쓰히코
제창된 해	20세기
관련 용어	소립자, 인플레이션 이론

우주가 탄생할 때 빅뱅이 일어났다고 착각하는 사람도 많습니다. 정확하게 말하면 빅뱅은 탄생 직후의 초고온 우주를 말합니다. 이 빅뱅 이론을 제창한 사람은 러시아의 물리학자 조지 가모브였습니다. 처음에는 "우주가 펑하고 탄생했다고?"라는 냉소의 의미로 '빅뱅'이라는 이름으로 불렸다고 합니다. 하지만 1981년에 미국의 학자 앨런 구스가 주장한 인플레이션 이론으로 빅뱅 이론이 지지받기 시작했습니다. 인플레이션 이론은 쉽게 말해 우주 팽창(→129쪽)을 증명한 이론입니다. 사실 인플레이션 이론을 처음으로 제창한 사람은 일본인이었습니다. 사토 가쓰히코가 소립자 물리학을 이용해 증명하려고 한 것이 시작이었지요.

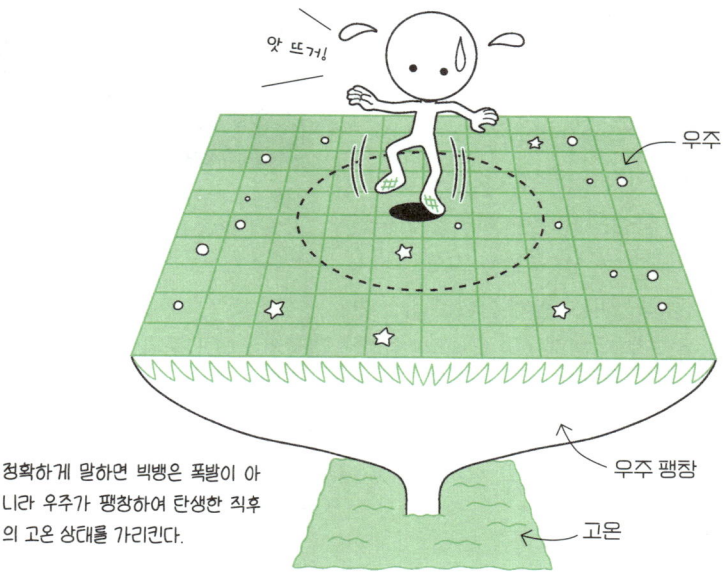

앗 뜨거!

우주

우주 팽창

고온

정확하게 말하면 빅뱅은 폭발이 아니라 우주가 팽창하여 탄생한 직후의 고온 상태를 가리킨다.

블랙홀

제창자	칼 슈바르츠실트
제창된 해	1916년
관련 용어	일반 상대성 이론, 상성, 초신성 폭발

FILE.
095

블랙홀은 빛조차도 빠져나갈 수 없는 강력한 중력을 가졌습니다. 블랙홀의 존재는 옛날부터 인식되기는 했지만, 1916년에 이르러서야 독일의 슈바르츠실트가 이론적으로 고찰했습니다. 블랙홀은 매우 질량이 무거운 항성이 초신성 폭발해 생겼다고 여겨지며, 현재에 이르러서도 전 세계에서 관측이 이어집니다. 정확히 말하면 블랙홀을 직접 관측할 수는 없지만, 그곳에 빨려 들어간 물질이 방출하는 복사를 이용해 간접적으로 존재를 확인합니다. 은하계 중심에는 태양 질량의 약 100만 배 이상인 블랙홀이 존재한다고 합니다.

블랙홀은 빛까지 집어삼키는 중력 괴물이다. 블랙홀에 빨려 들어가면 탈출은 불가능하다.

우주 배경 복사

제창자	아노 펜지어스, 로버트 우드로 윌슨
제창된 해	1965년
관련 용어	원자, 원자핵, 전자

FILE.
096

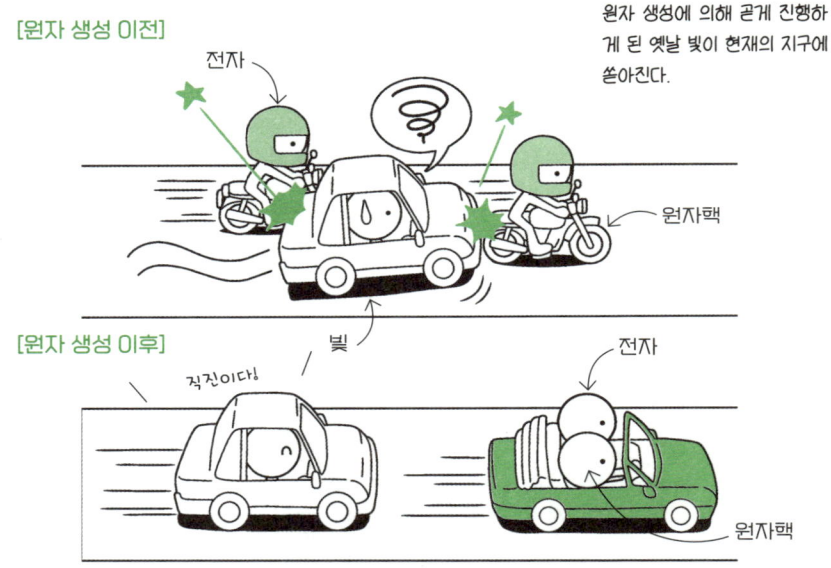

[원자 생성 이전]

전자

원자 생성에 의해 곧게 진행하게 된 옛날 빛이 현재의 지구에 쏟아진다.

원자핵

빛

[원자 생성 이후]

직진이다!

전자

원자핵

우주가 탄생하고 약 38만 년 뒤, 우주 온도가 내려가 전자와 원자핵이 날아다니는 속도가 느려지자 마이너스 전하를 띤 전자는 플러스 전하를 띤 원자핵에 붙잡히게 되었습니다. 원자는 이렇게 생성되었습니다. 원자가 생성되기 전에는 공간을 날아다니는 전자나 원자핵과 끊임없이 충돌했기 때문에 빛은 똑바로 나아가지 못했습니다. 그러나 전자와 원자핵이 달라붙자, 빛이 퍼져 나갈 수 있었습니다. 이 순간에 우주로 퍼져 나간 빛을 우주 배경 복사라고 부릅니다. 멀고 먼 옛날의 빛이지만 138억 년에 걸쳐 모든 방향에서 지구로 내리쬐고 있다고 하네요.

우주 팽창

제창자	앨런 구스, 사토 가쓰히코
제창된 해	1981년
관련 용어	빅뱅, 인플레이션 이론, 은하

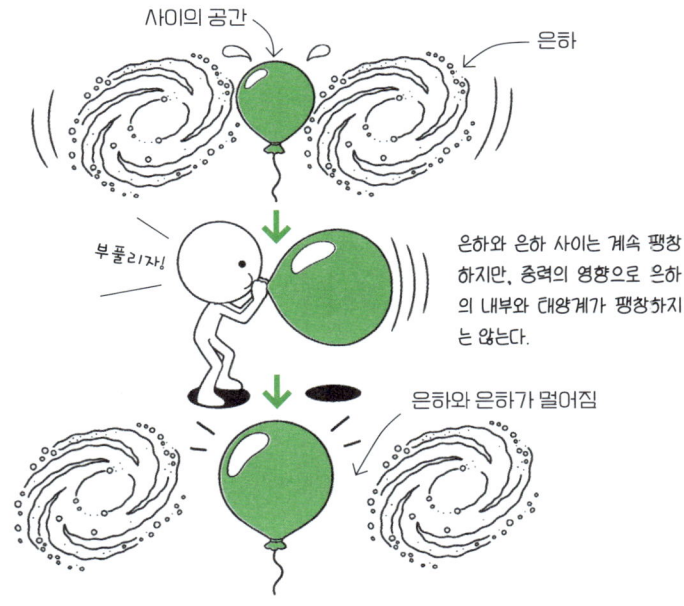

사이의 공간

은하

부풀리자!

은하와 은하 사이는 계속 팽창하지만, 중력의 영향으로 은하의 내부와 태양계가 팽창하지는 않는다.

은하와 은하가 멀어짐

빅뱅에서도 언급했듯이, 우주는 팽창을 거듭하며 탄생했습니다. 우주 팽창은 현재에도 계속되고 있습니다. 그러면 우리가 사는 태양계도 팽창할까요? 사실 우주 팽창은 중력의 영향이 무시되는 은하 사이의 공간에만 영향을 줍니다. 은하 자체는 덩어리를 유지하려는 중력의 효과가 우주 팽창 효과보다 훨씬 크기 때문에 팽창하지는 않습니다. 이와 마찬가지로 태양계도 팽창하지 않는다고 봅니다. 즉, 은하와 은하의 사이는 팽창하면서 점점 넓어지지만 은하 내부나 태양계 내부가 팽창하지는 않습니다.

지구의 자전을 증명하다!
푸코의 진자

지 구가 자전한다는 사실은 일반 상식이지만, 지구 자전을 증명하는 데는 많은 물리학자의 도전이 있었습니다. 푸코의 진자(고정된 한 축이나 점의 주위를 일정한 주기로 진동하는 추)는 프랑스의 과학자 레옹 푸코가 지구의 자전을 증명하기 위해 고안해 낸 장치입니다. 그는 파리의 팡테옹 사원에서 거대한 진자를 사용해 지구의 자전을 증명했습니다. 이 진자가 푸코의 진자입니다. 푸코의 진자의 원리에는 코리올리 힘이라는 법칙이 깊이 관련되어 있습니다.

지구 자전 때문에 생기는 코리올리 힘

푸코의 진자가 움직이는 원리를 알기 위해서는 먼저 코리올리 힘을 이해해야 합니다. 북극에서 적도 위의 어떤 지점을 향해 미사일을 쏘았다고 가정해 볼까요. 우리 느낌에는 미사일은 똑바로 날아가는 듯이 보입니다. 하지만 지구 위에서 북극과 목표 지점을 잇는 선을 그려 보면, 그 미사일은 북반구에서는 '북쪽으로 향하는 포탄은 동쪽으로, 남쪽으로 향하는 포탄은 서쪽으로' 밀려갑니

국립대구과학관에 전시된 푸코의 진자 .
© 국립대구과학관

다. 지구 자전 때문에 생기는 이 현상을 코리올리 힘이라고 합니다.
푸코의 진자도 운동이 감쇠할 때까지 왕복 운동을 계속하기 때문에, 지표면을 오갈 때마다 코리올리 힘에 영향을 받아 점차 어긋나는 현상이 생깁니다. 이 실험을 통해 지구의 자전을 증명할 수 있었습니다. 푸코의 진자는 크기가 매우 큰데 국립대구과학관 등에서 전시품을 실제로 볼 수 있습니다.

광년

FILE.
098

제창자	오토 에두아르트 빈첸츠 울레
제창된 해	1851년
관련 용어	빛, 광속

광년은 우주 공간의 거리를 측정할 때 주로 사용되는 단위입니다. 1광년은 빛이 1년 동안 나아가는 거리로, 실제 길이는 약 9조 4,607억㎞입니다. 고속 열차로 가면 약 361만 년 걸립니다. 광년을 이용해 빛의 반사 속도를 계측함으로써 지구와 천체의 거리를 측정합니다. 이 계측법을 레이더라고 합니다.

별
레이더
태양

천체의 거리를 계측할 때 사용하는 단위다. 시간을 나타내는 단위가 아님에 주의하자.

적색 편이

FILE.
099

제창자	에드윈 허블
제창된 해	1929년
관련 용어	도플러 효과, 전자기파, 우주의 팽창

멀리서 오는 전자기파의 파장이 긴 쪽으로 치우쳐 관측되는 현상을 말합니다. 적색 편이가 생기는 이유는 중력과 우주의 팽창으로 인한 빛의 도플러 효과 때문입니다. 전자기파의 파장이 길어지면 눈에 보이는 색이 빨간색에 가까워집니다. 이 법칙 덕분에 우주가 팽창한다는 사실을 알았지요.

전자기파

우주에서 오는 전자기파의 색은 빨간색에 가깝다. 이유는 도플러 효과와 중력의 영향을 받아 적색 편이를 일으키기 때문이다.

암흑 물질

제창자 = 프리츠 츠비키, 베라 루빈
제창된 해 = 20세기~현재
관련 용어 = 은하, 은하단

FILE.
100

　무수한 별의 집합체인 은하가 50개 이상 모여 있는 천체를 은하단이라고 합니다. 은하단 안에서 은하는 여러 방향으로 움직입니다. 그런데 은하단 내 모든 은하의 중력을 더해도 다른 방향을 향하는 은하의 운동을 묶어둘 수는 없습니다. 천문학자들은 그 원인을 고민하기 시작했고, 은하들이 눈에 보이지 않는 암흑 물질의 중력으로 묶여 있을 것으로 생각했습니다. 암흑 물질은 이름 그대로 정체불명의 물질로, 전자기파를 내지 않기 때문에 확인할 수도 없습니다. 또한 보통의 물질을 통과하는 성질도 있다고 합니다.

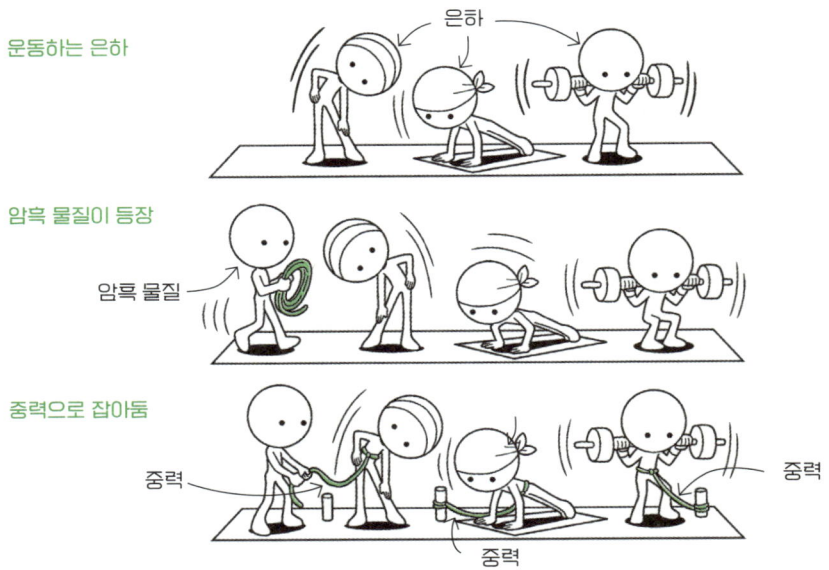

운동하는 은하

은하

암흑 물질이 등장

암흑 물질

중력으로 잡아둠

중력

중력

중력

눈에 보이지 않는 암흑 물질이 운동하는 은하를 묶어 주는 중력을 가졌다고 본다.

달과 지구가 하나였다고? 거대 충돌설

별의 기원에 관해서는 풀리지 않은 수수께끼가 아직도 많습니다. 그중 우리에게 친숙한 달이 원래는 지구였다는 설도 있습니다. 바로 거대 충돌설입니다. 거대 충돌설은 1975년에 미국의 행성 과학 연구소에서 주장했고, 현재에도 관련된 관측과 연구를 계속하고 있습니다.

충돌한 천체와 지구의 파편으로 달이 탄생?

거대 충돌설을 요약하면 지구가 형성되고 얼마 지나지 않아 현재의 화성 정도의 크기인 천체가 비스듬하게 지구에 충돌했다는 내용입니다. 충돌한 천체는 산산이 부서졌고 지구도 일부가 부서져 흩어진 물질이 다시 모여 달이 되었다고 합니다. 이 설의 특징은 달 암석의 화학 조성에 대해 설명하기 쉽다는 점입니다. 지구와 달이 원래 같은 천체였다니 옛날이야기처럼 어딘가 낭만적이기까지 합니다.

행성 과학 연구소 로고.

다만 달과 지구의 암석에 대해 다양한 원소의 동위 원소 구성비가 측정되자, 반대로 달을 형성하는 근원이 된 물질의 반 이상은 충돌한 천체에서 유래했다고도 생각되므로 달의 조성은 지구와는 다를 것이다는 비판도 생겨났습니다. 하지만 최근에 지구와 달 암석의 산소 동위 원소 구성비를 정밀하게 측정해 보니 약간의 차이가 있음이 확인되었습니다. 거대 충돌설을 지지하는 결과가 되었지요.

7장

날씨를 깊이 있게 이해한다! 기상 역학

INTRODUCTION

 ## 기후는 대부분 대기의 역학적 변화로 설명된다

지구상의 기후는 산소와 이산화탄소 등으로 형성된 대기와 크게 관련되어 있습니다. 대기의 움직임을 역학적으로 해설하는 분야를 기상 역학이라고 합니다. 대기는 지구에 사는 생명체의 생명을 유지하는 중요한 장치입니다. 대기의 성립 과정에서 미행성체라고 불리는 별끼리 충돌해 수증기와 이산화탄소 등의 휘발 성분이 방출되었습니다(탈 가스). 이 현상으로 2차 원시 대기가 형성되고, 2차 원시 대기가 식어서 수증기가 액체로 변해 바다가 생겼으며, 바다에서는 광합성을 하는 생물이 태어나고, 대기 중에서 산소가 생겨났습니다.

 ## 사실은 지구의 온도를 유지하는 온실 효과

기온 역시 지구의 기후에 영향을 줍니다. 기온은 태양에서 에너지를 받아 그 일부를 적외선으로 복사하는 에너지의 출입으로 정해집니다. 사실은 태양과 주고받는 에너지 출입을 계산하면 지구의 평균 기온은 -18℃가 되어야 합니다. 하지만 지구의 평균 기온은 약 15℃로 유지되지요. 지표에서 방출되는 적외선을 수증기나 이산화탄소가 흡수해 방출을 막고 있기 때문입니다. 이 현상을 온실 효과라고 합니다.

대기의 움직임에 관한 연구는 고전 역학의 영역

대기의 변화는 고전 역학적인 기술로 표시됩니다. 역학에서 크기를 갖지 않는 가장 단순한 물체를 질점이라고 하고 질점의 운동을 기술할 때 3차원의 데카르트 좌표를 활용합니다. 그런데, 대기의 경우는 무수한 질점이 따로따로 운동하고 있습니다. 그래서 분자 하나로 고려하지 않고 대기 전체를 하나의 공기 덩어리로 생각하는 거시적 관점이 필요합니다. 공기 덩어리의 밀도와 온도라는 물리량은 장소나 시간에 따라 연속적으로 변화합니다. 이런 가상의 물체를 연속체라고 하며, 연속체의 운동을 나타내기 위해 기상 역학에서는 라그랑주 기술과 오일러 기술이라는 방법을 이용합니다.

날씨 예측에 꼭 필요한 열역학 상태 방정식

지구의 자전은 모두가 아는 사실이지요. 지구의 대기를 생각할 때는 자전 때문에 생기는 힘을 고려해야 합니다. 회전하는 기체에 걸리는 관성력을 코리올리 힘이라고 합니다. 대기의 운동은 뉴턴의 운동 방정식이나 코리올리 힘 등을 고려해 산출합니다. 게다가 기후는 온도와 기압, 풍속 등의 요소를 운동 방정식이나 열역학 법칙 등으로 계산해 예측합니다. 그중 하나가 이상기체의 상태 방정식입니다. 구름과 비, 뇌우라는 기본적인 현상도 모두 물리학으로 설명할 수 있습니다.

POINT

▸ 날씨 변화는 대기의 운동이 열쇠를 쥐고 있다.
▸ 온실 효과는 지구의 기온을 유지하기 위해 꼭 필요하다.
▸ 고전 역학의 방정식을 활용해 날씨를 예측한다.

기압

FILE. 101	제창자	에반젤리스타 토리첼리
	제창된 해	1643년
	관련 용어	중력

기압은 지구에서 대기가 도망가지 않게 잡아두는 힘입니다. 이 힘의 정체는 바로 중력이죠. 기압은 지면에 가까울수록 높고 하늘에 가까울수록 낮습니다. 높은 산에 공기가 들어간 봉지를 가지고 가면 저절로 부풀어 오르는데, 그 이유는 봉지 안의 기압이 봉지 밖의 공기보다 높기 때문입니다.

기압 ㉐

기압 ㉓

기압은 지표상의 공기에 작용하는 중력을 말한다.
이탈리아의 토리첼리가 기압계를 만들었다.

헥토파스칼

FILE. 102	제창자	블레즈 파스칼
	제창된 해	1971년(단위 인정)
	관련 용어	중력

기압의 단위는 hPa라고 표시합니다. 헥토는 그리스어로 100을 의미하고 파스칼은 프랑스의 철학자 파스칼의 이름을 땄습니다. 압력이 전달되는 원리를 증명한 파스칼의 이름을 따 단위로 쓰고 있습니다. 해수면 부근의 기압은 1,013hPa이고, 고도 50km 부근에서는 1hPa입니다.

해수면의 기압

1,013 hPa

고도 50km 부근의 기압

1 hPa

구름

FILE.
103

제창자	로베르 뷰로 등
제창된 해	20세기
관련 용어	운립, 상승 기류

구름은 수증기의 덩어리라고 생각하는 분도 많겠지만 엄밀히 말하면 티끌과 수증기가 합쳐져서 만들어진 운립, 즉 작은 물방울과 얼음 알갱이의 집합체입니다. 수증기라고 말하는 이유는 공기 중에 포함된 수증기가 상승 기류를 타고 높이 올라가 기체로 있지 못하고 액체가 되어 구름을 형성하기 때문입니다.

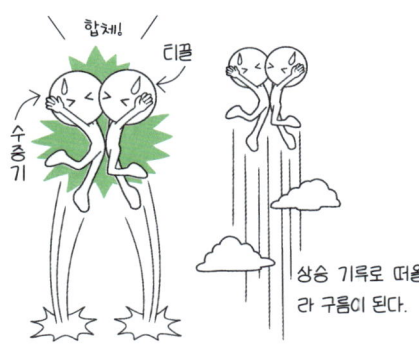

상승 기류로 떠올라 구름이 된다.

합체!

티끌

수증기

비

FILE.
104

제창자	아리스토텔레스 등
제창된 해	기원전
관련 용어	구름, 운립

운립은 비의 근원입니다. 운립이 상공에 있을 때는 지름이 0.02㎜ 정도지만, 지상에 떨어지는 비의 크기는 약 2㎜나 됩니다. 구름에서 낙하하는 과정에 다른 운립과 합쳐져 커지기도 하고, 상공에서 과냉각이라는 현상으로 커진 다음 낙하하는 도중에 녹기도 하기 때문에 그렇습니다.

차가운 구름

따뜻한 구름

운립이 합쳐져 비가 되는 구름은 '따뜻한 구름'이며, 과냉각으로 커져 비를 내리게 하는 구름은 '차가운 구름'이라고 한다.

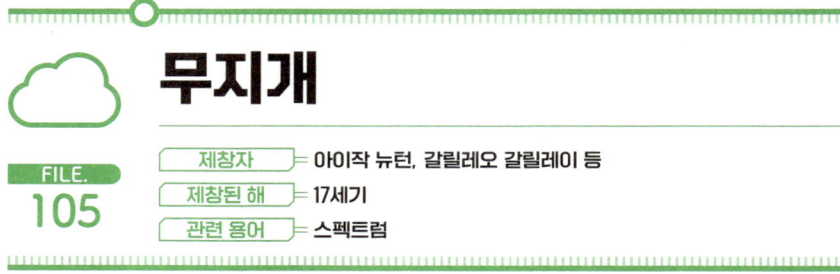

제창자	아이작 뉴턴, 갈릴레오 갈릴레이 등
제창된 해	17세기
관련 용어	스펙트럼

FILE.
105

무지개

무지개는 공기 중의 빗방울에 태양 빛이 반사되어 생긴다고 알고 계신 분이 많습니다. 그런데 왜 일곱 색깔일까요? 그 답은 뉴턴이 발견한 빛의 스펙트럼으로 설명할 수 있습니다. 빛의 색은 파장에 따라 다르며, 인간에게 보이는 스펙트럼은 일곱 색입니다. 또한 무지개는 항상 호를 그리는 듯이 보이는데 사실 보이는 부분이 반쪽일 뿐, 실제로는 완전한 원형입니다. 지구에 숨겨져 반쪽이 보이지 않기 때문입니다. 참고로 태양의 빛을 반사하기 때문에 무지개는 반드시 태양의 반대쪽에 있습니다.

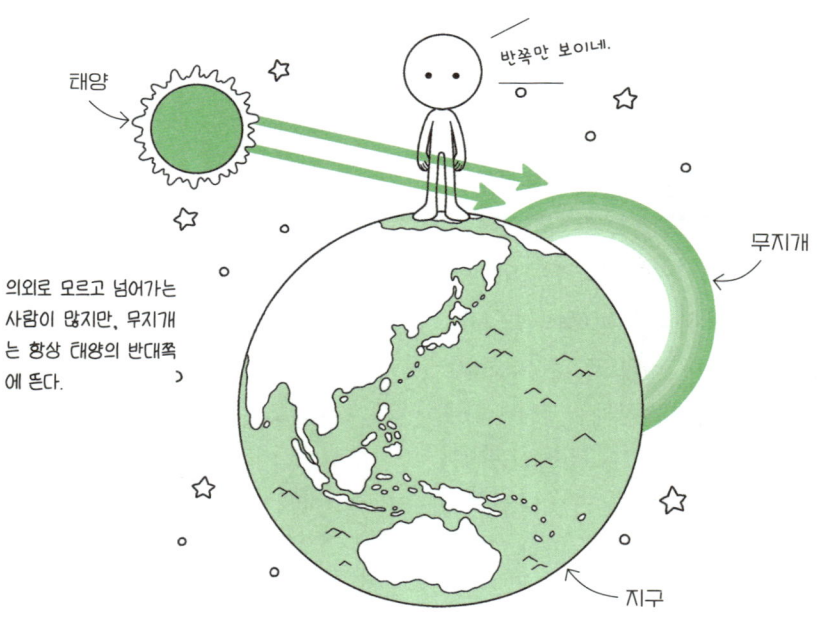

태양

반쪽만 보이네.

무지개

의외로 모르고 넘어가는 사람이 많지만, 무지개는 항상 태양의 반대쪽에 뜬다.

지구

회오리

FILE.
106

제창자	후지타 데쓰야 등
제창된 해	1971년
관련 용어	상승 기류, 적란운

발달한 적란운은 강한 상승 기류를 동반합니다. 이때 발생하는 격렬한 소용돌이 기둥이 회오리입니다. 회오리 중심 부분의 기압이 낮아져 소용돌이의 중심을 향해 나선형으로 바람이 빨려 들어갑니다. 이 현상은 역학에서 원운동의 응용으로 설명되는데 이를 밝히는 데는 일본의 후지타 데쓰야가 공적을 남겼습니다.

회오리의 강도를 나타내는 국제 지표로는 후지타 데쓰야의 이름을 딴 후지타 등급을 사용합니다.

태풍

FILE.
107

제창자	가스파르 귀스타브 코리올리 등
제창된 해	1835년
관련 용어	저기압, 코리올리 힘

재해를 일으키는 태풍은 열대에서 발생하는 최대 풍속이 17㎧ 이상인 저기압 바람을 가리킵니다. 상승 기류 때문에 바람이 중심으로 빨려 들어가고, 코리올리 힘이라는 겉보기 힘으로 인해 북반구에서는 거대한 반시계 방향의 소용돌이를 만듭니다. 코리올리 힘은 역학의 원운동에서 사용됩니다.

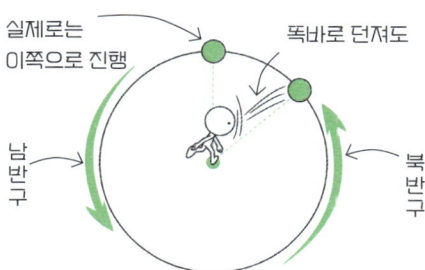

코리올리 힘은 원운동을 하는 물체의 방향을 바꾸는 힘이다.

벼락

FILE.
108

제창자	벤저민 프랭클린 등
제창된 해	18세기 무렵
관련 용어	전자, 적란운, 우박

벼락은 전자의 작용과 매우 비슷한 현상으로 발생합니다. 적란운 내부에는 우박이나 매우 작은 얼음 결정(빙정)이 존재합니다. 우박은 음의 전하, 빙정은 양의 전하를 띱니다. 적란운 안에서는 매우 강한 상승 기류가 발생하기 때문에 질량이 가벼운 빙정은 위로 밀려 올라가고, 반대로 무거운 우박은 구름의 아래에 남습니다. 이때, 구름의 하부에 쌓인 음전하에 의해 지상에는 양전하가 쌓입니다. 즉, 구름 위쪽에서 지표에 걸쳐 양전하, 음전하, 양전하 이렇게 전기가 흐르는 구조가 만들어지고, 벼락이 되어 지상에 떨어집니다.

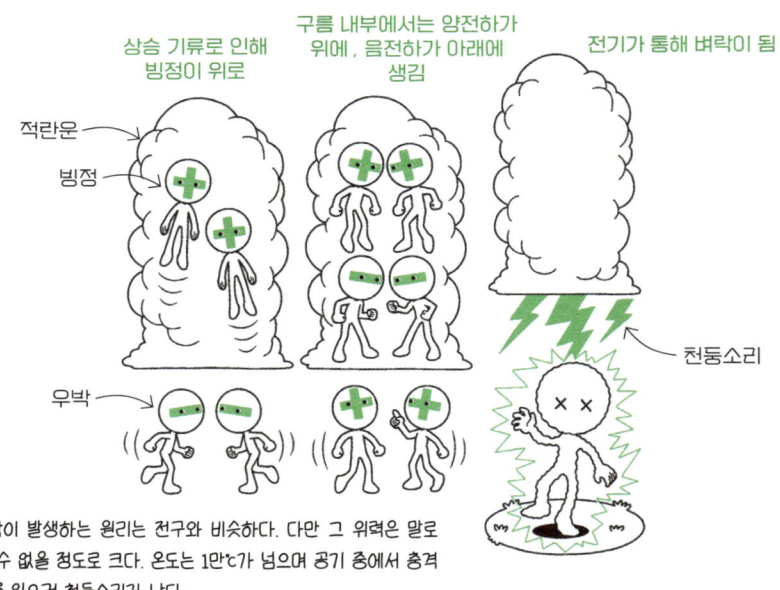

상승 기류로 인해 빙정이 위로

구름 내부에서는 양전하가 위에, 음전하가 아래에 생김

전기가 통해 벼락이 됨

적란운

빙정

천둥소리

우박

벼락이 발생하는 원리는 전구와 비슷하다. 다만 그 위력은 말로 할 수 없을 정도로 크다. 온도는 1만°C가 넘으며 공기 중에서 충격파를 일으켜 천둥소리가 난다.

오로라

FILE.
109

제창자	크리스티안 비르켈란
제창된 해	19세기 무렵
관련 용어	전자기학, 태양풍, 플라스마

오로라는 북극이나 남극 근교에서 보이는 신비한 현상으로, 텔레비전 등에서 종종 보입니다. 오로라가 발생하는 메커니즘에 관해서는 밝혀지지 않은 부분도 있지만, 현재는 태양이 방출하는 태양풍에 의해 생겼다고 봅니다. 태양풍은 태양에서 나오는 초고온으로 전리된 입자로, 플라스마라고도 합니다. 태양풍이 지구의 고도 100~500㎞권 안에 있는 대기의 원자와 부딪혀 방전 현상이 일어나며 생기는 현상이 오로라입니다. 산소 원자와 부딪히면 흰빛을 띠는 초록색이나 빨간색이 되고, 질소 분자와 부딪히면 보라색이나 파란색이 되는 등, 플라즈마 입자가 부딪히는 원자나 분자의 종류에 따라 색이 바뀝니다.

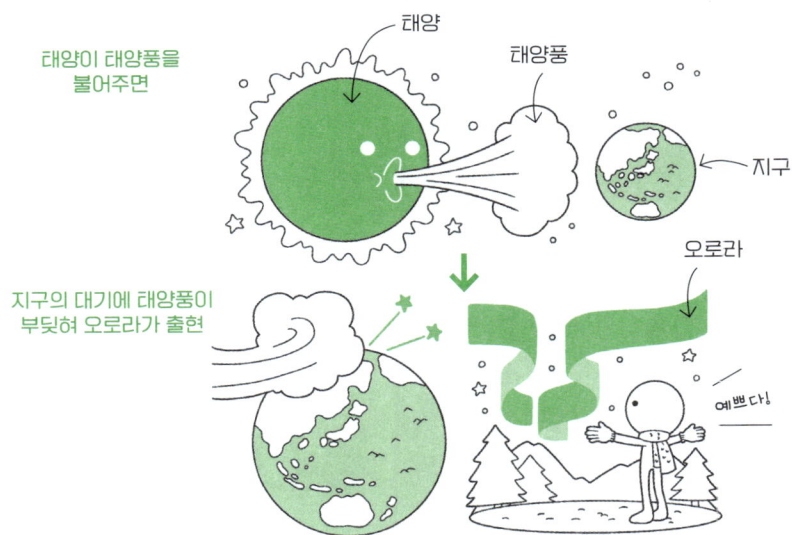

태양이 태양풍을
불어주면

태양

태양풍

지구

오로라

예쁘다!

지구의 대기에 태양풍이
부딪혀 오로라가 출현

태양풍이 오로라를 만든다고 처음으로 주장한 사람은 비르켈란이다. 그 후로도 연구가 계속되어 오로라는 방전 현상임이 알려졌다.

신기루

FILE.
110

제창자	가스파르 몽주
제창된 해	18~19세기 무렵
관련 용어	빛, 굴절, 프리즘

신기루는 프랑스의 수학자 몽주가 나폴레옹의 이집트 원정에 동행하면서 처음으로 발견했다고 합니다. 해수면 부근의 기온이 낮아져 상공의 따뜻한 공기와 온도 차가 생길 때, 태양으로 달궈진 공기가 빛을 굴절시키는 프리즘을 형성해 지상의 풍경이 다른 방향에 있는 듯이 보이는 현상입니다.

자세히 들여다봐야지!

사각형 태양

공기가 달궈진 뜨거운 여름철에 많이 발생하고, 기온 차가 심한 한랭지에서 흔히 보인다. 일부 지역에서는 신기루로 인해 사각형 태양이 보이기도 한다.

아래 신기루

FILE.
111

제창자	미나모토노 도시요리
제창된 해	2세기 무렵
관련 용어	빛, 굴절, 프리즘

바람이 없는 한여름 날에 아스팔트 도로 앞이 물처럼 보일 때가 있습니다. 이 현상을 아래 신기루라고 합니다. 기본적으로는 신기루와 같은 원리로 일어나는 현상으로, 지표면에 가까울수록 굴절률이 낮아지는 공기층이 형성되면 발생합니다. 일본에서는 아래 신기루를 두고 니게미즈(도망가는 물)라고 합니다.

어느 여름날

차 안에서 보는 풍경

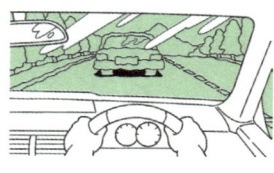

아스팔트 앞쪽이 일렁이는 물처럼 보이는 현상을 아래 신기루라고 한다.

장마

FILE.
112

제창자	돈노 히로타로
제창된 해	1895년
관련 용어	고기압, 제트 기류

동아시아의 특징적인 기후의 하나로 장마를 꼽습니다. 학술적으로 말하면 따뜻한 공기와 차가운 공기가 만나는 경계의 전선이 6월에서 7월 사이에 길게 정체하며 약 40일 정도 비가 많이 오는 날씨가 이어집니다. 장마 시기에 동아시아 지역은 북쪽에 발생하는 차가운 오호츠크해 고기압과 남쪽에 발생하는 따뜻한 태평양 고기압 사이에 끼입니다. 양쪽 바람 모두 바다 위를 지나오기 때문에 자연스럽게 수증기가 많고 구름이 생기기 쉬워 비가 내리기 좋은 상태가 계속됩니다. 오호츠크해 고기압은 지구상에 항상 불고 있는 제트 기류의 영향으로 발생하므로 장마를 피할 수는 없습니다.

[장마의 원리]

장마는 제트 기류에 의해 운반되어 온 오호츠크해 고기압과 태평양 고기압의 경계에 있는 전선이 원인이 되어 발생한다. 장마는 동아시아에서 보이는 기상 현상으로, 장마의 원리에 대해서 근대에 들어 돈노 히로타로와 연구자들이 활발한 논쟁을 벌였다.

오호츠크해 고기압

장마 전선

비

태평양 고기압

지구 온난화

FILE.
113

제창자	= 제임스 핸슨
제창된 해	= 1988년
관련 용어	= 복사 균형

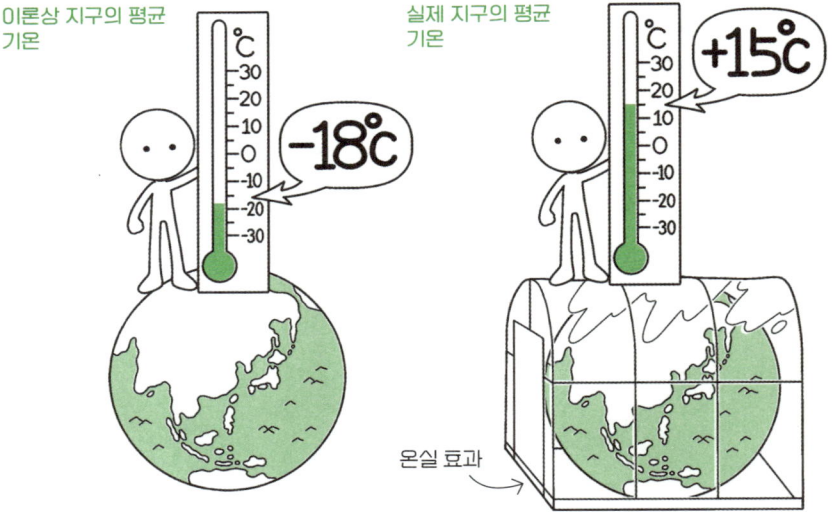

이론상 지구의 평균 기온

실제 지구의 평균 기온

-18℃

+15℃

온실 효과

지구를 뒤덮는 대기가 비닐하우스 같은 효과를 일으키는 현상을 온실 효과라고 한다. 온실 효과가 없으면 지구의 온도는 -18℃가 된다.

　지구 온난화라는 단어는 부정적 의미로 들리지만, 사실 온난화는 우리가 지구에서 살아가는 데 필요한 현상입니다. 원래 지구의 온도는 태양이 복사한 열에너지(데움)를 받아들이고 그 일부를 적외선의 형태로 우주 공간에 방출(식힘)합니다. 이 에너지의 출입을 복사 균형이라고 하고, 그 균형이 작용하여 지구의 평균 기온이 결정되었습니다. 현재, 지구의 평균 기온은 약 15℃ 정도라고 하는데, 이론 계산상으로는 대기 덕분에 생기는 온실 효과가 없으면 지구의 평균 기온은 -18℃입니다. 즉, 지구 상에 있는 대기가 기온을 30℃ 이상 상승시킨다는 말입니다.

그렇다면, 왜 지구 온난화가 문제라고 하는 걸까요? 그 이유는 복사 균형이 우지되지 않고 점점 기온이 올라가기 때문입니다. 온난화가 생기는 원인은 이산화탄소입니다. 이산화탄소는 지구 표면에서 우주로 복사되는 적외선을 흡수하기 때문에 지구가 식지 못하게 합니다. 즉, 태양으로부터 받은 열이 그대로 지구상에 머무르며 빠져나가지 않는 상태가 되었지요. 온난화 때문에 빙하가 녹아 해수면이 상승하는 일도 큰 문제입니다. 지금 속도로 계속 해수면이 상승하면 일부 해안 도시나 섬나라는 100년 이내에 침몰할 것이라는 보고도 있습니다.

[현재]

[온난화가 진행되면]

온난화의 영향 중 하나가 해수면 상승이다. 세계의 섬나라들에서는 해수면 상승 때문에 홍수의 영향이 생기기 시작했다.

온실가스는 이산화탄소만 있는 것이 아니다!

온실가스 감축을 위한 국제 협약인 파리 협정에서는 오른쪽과 같이 온실가스로 일곱 가지를 지정했습니다. 그중 이산화탄소보다 온실 효과가 높은 기체는 메탄입니다. 그 효과는 무려 이산화탄소의 21배입니다. 메탄은 천연가스의 주성분으로 도시가스 등에 사용됩니다. 현재 세계적으로 천연가스를 많이 사용하는 나라는 미국, 러시아, 중국 등입니다.

주요 온실가스

- 이산화탄소 (CO_2)
- 메탄 (CH_4)
- 아산화질소 (N_2O)
- 수소불화탄소 (HFCs)
- 과불화탄소 (PFCs)
- 육불화황 (SF_6)
- 삼불화질소 (NF_3)

탄소 중립

FILE.
114

제창자	옌스 스톨텐베르그
제창된 해	2007년
관련 용어	온난화, 온실가스

　온난화 대책의 일환으로 탄소 중립이라는 단어를 자주 듣습니다. 탄소 중립이란 인간의 경제 활동으로 이산화탄소나 메탄이라는 온실가스가 배출되는 양과 온실가스를 식물 등이 흡수하는 양이 같아지는 상태를 가리킵니다. 한국의 온실가스 배출량은 연간 약 6억 2420만 톤(2023년)입니다. 이 중 전력이나 가솔린 등의 에너지 때문에 배출되는 이산화탄소의 비율이 대부분이며 완전히 0으로 만들기는 어렵기 때문에 이를 저장하고 회수하기 위한 CCS(Carbon Capture Storage), CCUS(Carbon Capture Utilization and Storage)라는 기술 개발이 진행되고 있습니다. 일본에서는 홋카이도 해저 밑에 이산화탄소를 높은 압력으로 저류하는 작업이 이루어지고 있으며, 해저 깊이 파낸 우물에 연 10만 톤 규모의 이산화탄소를 3년간 매장할 예정입니다. 삼성이나 SK 같은 우리나라 기업들도 호주나 동남아시아 등지에 연 수백만 톤 규모의 CCS 사업을 추진 중입니다.

온실가스

아무리 해도 나온단 말이야.

온난화의 원인이 되는 온실 가스를 0으로 만들기 위해 물리 화학 분야의 기술 개발이 진행 중이다.

여기 매장하자!

최신 기술

푄 현상

FILE.
115

제창자	율리우스 페르디난트 폰 한
제창된 해	19~20세기
관련 용어	열역학, 단열 변화

초봄이 되면 기온이 급격히 오르거나 강한 폭풍이 불기도 합니다. 이는 푄 현상 때문인데 바람은 산을 넘을 때, 능선을 따라 상승합니다. 이때 단열 변화 현상이 일어나, 100m당 0.5℃씩 기온이 하강합니다. 구름이 만들어지고 비가 내린 뒤 산의 능선을 내려가며 100m당 1℃씩 기온이 상승합니다. 이 바람은 따뜻하고 건조한 하강 기류가 되어 산기슭의 기온이 상승합니다. 세계 각지에서 이 바람은 다양한 이름으로 불리는데, 한국의 높새바람도 바로 푄 현상에 의한 바람입니다. 푄 현상으로 생기는 바람은 종종 눈사태나 화재의 원인이 되기도 합니다.

차가워진 바람

바람

하강 기류

푄 현상은 바람이 산을 넘어갈 때 일어나는 열역학 현상이다. 동해안에서 태백산맥을 넘어 부는 북동 계열의 높새바람도 푄 현상의 일종이며 매우 건조하기에 가뭄, 건열 등을 일으킨다.

높새바람 등

선상강수대

FILE.
116

제창자	= 가로 데루유키 등
제창된 해	= 2007년
관련 용어	= 적란운

선상강수대는 간단히 말해 적란운의 행렬로 잇따라 새로운 적란운이 뒤를 이어 생기기 때문에 같은 지점에서 대량의 비가 오랜 시간 내리게 된다.

적란운

2024년에는 선상강수대라는 기상 현상으로 1시간 최대 100㎜에 달하는 호우가 수도권에 쏟아졌습니다. 선상강수대란 쉽게 말하면 대량의 비를 오게 하는 적란운의 행렬입니다. 이 현상은 구름이 발생하는 고도의 위층보다 아래층의 풍속이 강할 때 발생합니다. 발달한 적란운은 아래층의 바람에 밀려 이동하는데, 비는 진행 방향의 뒤쪽에 내립니다. 지상에 떨어지기 전에 증발하는 빗방울과 지표면 부근에서 불어오는 바람이 발달한 적란운의 뒤에 새로운 적란운을 만들어 냅니다. 원래 적란운은 강한 비를 단시간에 내리게 하는 특성이 있는데, 같은 지점에 여러 번 반복되므로 장시간 강한 비를 내리게 합니다.

절대 불안정

FILE.
117

제창자	불명
제창된 해	불명
관련 용어	불명

절대 불안정   조건부 불안정   절대 안정

불안정하네.

[날씨]   비   구름   맑음

절대 불안정과 반대로 대기가 완전히 안정된 상태를 절대 안정이라고 한다. 절대 안정 상태에서는 맑은 하늘이 된다. 절대 안정이나 절대 불안정, 어느 쪽으로도 바뀔 수 있는 대기의 상태를 조건부 불안정이라고 한다.

일기예보에서 대기가 불안정하다는 멘트를 흔히 듣습니다. 왠지 비가 올 것 같다는 의미로 받아들이는 사람도 많지 않나요? 하지만 엄밀히 따지면 약간 의미가 다릅니다. 기상 역학에서 불안정의 의미는 대기에 존재하는 공기 덩어리(공기괴)가 상승하기 쉬운 상태를 가리킵니다. 공기 덩어리가 상승하면 구름이 잘 생기므로 결과적으로 비가 내리기 쉽고, 대기가 불안정하게 됩니다. 그중에서도 절대 불안정이라는 상태는 공기 덩어리가 계속 상승하려고 하는 대기를 말합니다. 그 밖에도 조건부 안정, 절대 안정의 단계가 있는데, 절대 안정이면 공기 덩어리가 상승하지 않습니다.

짧고 격렬한 비!
집중 호우의 메커니즘

최근 기상 이변이 늘어나고 있음이 피부로 느끼지고 있습니다. 몇 년 사이에 호우 재해가 많아졌지요. 호우 재해 중에서 짧은 시간 안에 격렬하게 비가 내리는 현상을 집중 호우 또는 국지성 호우라고 합니다. 몇 시간 동안 100㎜ 이상의 비를 뿌립니다. 집중 호우가 생기는 메커니즘은 적란운 때문이지만, 비슷하게 적란운에 의해 일어나는 선상강수대와는 비가 내리는 범위와 시간이 다릅니다.

집중 호우의 정체는 거대하게 발달한 적란운

집중 호우를 유발하는 원인은 여름에 자주 발생하는 적란운입니다. 일반적인 적란운은 수명이 짧고, 비가 내려도 소나기처럼 쫙 내리고 끝납니다. 하지만 집중 호우를 유발하는 적란운은 그 발달 상태가 비정상적입니다. 적란운이 생길 때, 지표 부근에는 따뜻하고 습한 공기가 흘러 들어가고 상공에는 차가운 공기가 흘러 들어가 대기가 불안정한 상태가 됩니다. 이렇게 탄생한 거대한 적란운이 집중 호우의 정체입니다.

집중 호우의 메커니즘은 이해하더라도, 일기예보로 예측하기는 매우 어렵습니다. 거대한 적란운이 갑자기 발생하면 예상하지 못했던 집중 호우가 되어 비가 심하게 내리고, 도로가 침수되는 등의 피해가 일어나기도 합니다.

하지만 단시간에 끝나기도 해서, 적란운이 계속해서 발생하는 선상강수대보다는 피해가 약하게 끝나는 경우가 대부분입니다. 참고로 기상 정식 용어는 아니지만 예전에는 그 특성으로 인해 게릴라성 호우라는 이름으로 불리기도 했습니다.

2부

응용 지식 편

2부에서는 드디어 현대 물리학의 영역으로
한 걸음 내디뎌 보겠습니다. 현대 물리학의 주인공은
원자를 만드는 소립자입니다. 미시 세계에서 전개되는 상식으로는
이해할 수 없는 물리학의 현재에 다가갑니다!

1장

초미시 세계! 양자 역학

INTRODUCTION

 현대 물리학의 주류인 양자란 무엇일까?

아인슈타인이 등장한 이후, 물리학은 한층 더 미시 세계의 탐구로 향해 갑니다. 미시 세계에 관한 학문이 양자론이고, 그 중심이 되는 물질이 소립자입니다. 소립자는 원자나 분자를 만드는 작은 물질로, 입자와 파동의 성질을 띱니다. 양자의 움직임과 작용, 성질 등을 역학적으로 해명하려고 한 물리학 분야를 양자 역학이라고 합니다.

 1+1=2가 아니라고? 신비로운 양자의 세계

양자는 신기한 성질이 있습니다. 예를 들어, 우리는 1+1 = 2를 상식이라고 생각하는데, 원래 1이라는 숫자가 사실 1이 아니라 가끔 2가 되거나 0.5가 되기도 한다면 어떨까요? 비선형이라고 하는 이런 특징은 양자 세계의 상식이 됩니다. 그러므로 소립자의 성질과 특징을 고려할 때, 비선형이라는 관점이 중요해집니다. 반대로, 우리가 평소에 사용하는 숫자는 1+1 = 2를 기본으로 한 선형입니다. 원자나 분자는 물질로서 특정 형태를 갖추고 있지만, 원자나 분자를 구성하는 소립자는 반드시 특정 형태를 띠지는 않습니다.

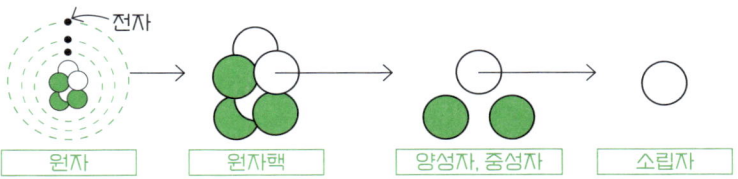

전자

| 원자 | 원자핵 | 양성자, 중성자 | 소립자 |

 ## 원자도 만들고 힘도 만드는 소립자

　소립자는 더는 분해할 수 없는 물질로 여겨집니다. 현재까지는 17종류가 발견되었지요. 물질의 형태를 만드는 소립자로는 쿼크와 양성자, 중성 미자가 있습니다. 쿼크는 양성자나 중성자를 구성하는 입자입니다. 우주에서 오는 2차 우주선에 함유된 입자로 1960년대에 관측되었습니다.

전자와 비슷한 중성 미자는 1930년대에 스위스의 볼프강 파울리가 미지의 입자가 있음을 예측하여 발견했습니다. 1937년에는 우주선을 관측하던 중 뮤 입자를 발견해, 중성 미자의 존재가 밝혔습니다. 소립자에는 물질을 만드는 그룹 이외에도 힘을 전달하는 그룹이 있습니다. 1부에서도 다루었던 광자입니다. 전자기력을 전달하는 소립자로 알려져 있습니다. 그 외에도 강력, 약력, 중력이라는 힘이 있는데, 각각 글루온, 위크 보손, 중력자라고 합니다. 단, 중력자에 대해서는 지금도 그 존재가 명확히 밝혀지지 않아 베일에 싸여 있습니다.

POINT

▶ 양자는 원자와 양성자, 중성자, 소립자 등을 가리키는 명칭이다.
▶ 양자의 세계에서는 1+1=2가 통용되지 않는다!
▶ 물질을 구성할 뿐만 아니라, 힘을 전달하는 소립자도 있다.

소립자

제창자	조지프 존 톰슨, 유카와 히데키 등
제창된 해	20세기~현재
관련 용어	원자, 양성자, 중성자, 중간자

물질을 구성하는 원자는 원자핵의 주위에 전자가 돌면서 존재합니다. 원자핵을 분해해 보면 양성자와 중성자(→101쪽)로 이루어져 있습니다. 이 양성자와 중성자는 쿼크나 렙톤이라는 소립자로 구성되어 있습니다. 즉, 소립자는 물질을 만드는 최소 단위로 보면 됩니다. 소립자에는 수명이 있어 시간이 지나면 파괴되고 다른 소립자가 됩니다. 파괴되기 시작할 때 상태를 붕괴, 파괴될 때까지의 시간을 수명이라고 합니다.

[원자핵의 내부]

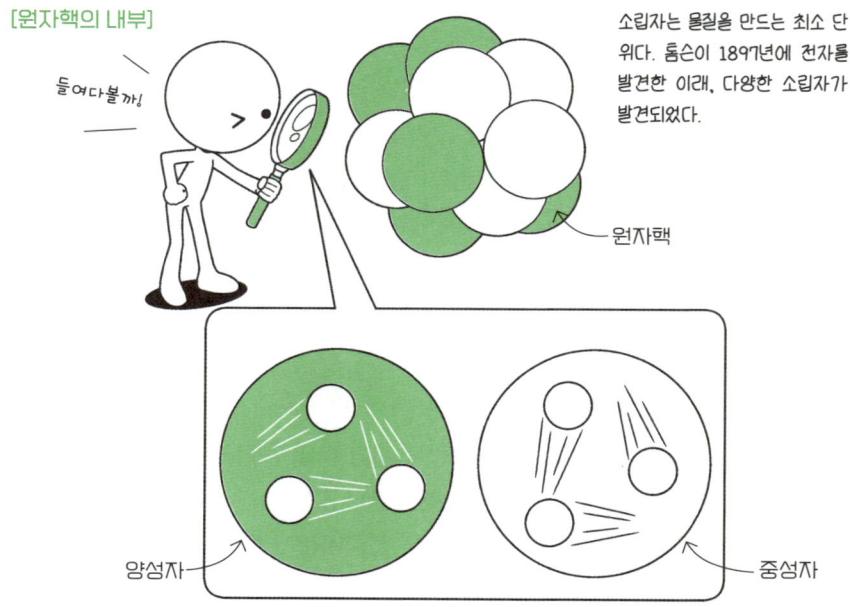

들여다볼까!

소립자는 물질을 만드는 최소 단위다. 톰슨이 1897년에 전자를 발견한 이래, 다양한 소립자가 발견되었다.

원자핵

양성자

중성자

원자핵은 양성자가 결합해 생기는데, 여기서 한 가지 의문이 생깁니다. 원래 양성자는 양전하를 띠므로 보통은 서로 반발하여 결합할 수 없기 때문입니다. 이 문제에 관해 1935년, 일본의 유카와 히데키는 원자핵을 묶어 주는 힘을 만들어 내는 중간자가 존재한다고 예측했습니다. 유카와는 양성자와 중성자를 연결하는 힘을 핵력이라고 했습니다. 핵력은 전자기력에서 서로 반발하는 힘보다 강해야 합니다. 유카와의 가설에 대해서는 부정적인 견해가 많았다고 합니다. 덴마크의 원로 학자였던 보어는 일본에 방문했을 당시, "당신은 새로운 입자를 좋아하는 건가요."라고 비꼬듯이 말한 일도 있었다고 하지요. 그러나 그로부터 얼마 지나지 않아 중간자의 실재가 확인되었으며, 1949년에 유카와 히데키는 노벨 물리학상을 받았습니다.

원자핵을 구성하는 양성자는 양전하를 지니므로 원래는 서로 반발해야 한다. 중간자는 이 상황에서 양성자를 서로 이어주는 역할을 한다.

소립자는 크게 세 분류로 나뉩니다. 첫 번째 분류는 쿼크, 렙톤(→156쪽)이라는 입자입니다. 두 번째 분류는 위크 보손, 글루온(→157쪽) 등으로 힘의 전달에 관련된 입자를 가리킵니다. 이 두 분류는 각 작용을 담당하는 입자가 이미 발견되었습니다. 마지막 분류는 힉스 입자(→202쪽)입니다. 나중에 더 자세히 서술하겠지만, 힉스 입자는 우주를 설명하는 데 매우 중요한 입자입니다.

쿼크와 렙톤

FILE.
119

제창자	머리 겔만, 고바야시 마코토, 마스카와 도시히데 등
제창된 해	1964년
관련 용어	소립자, 양성자, 중간자

양성자와 중간자를 만드는 소립자를 쿼크라고 합니다. 현재 발견된 쿼크는 여섯 종류로 각각 핵력을 가집니다. 쿼크가 여섯 종류라고 주장한 사람은 고바야시 마코토와 마스카와 도시히데이며 고바야시-마스카와 이론으로 알려져 있습니다. 렙톤도 물질을 만드는 소립자지만, 핵력이 없으며, 전하를 띠지 않는 중성 미자(→158쪽)와 전하를 띠는 렙톤으로 분류됩니다. 전하를 띠는 렙톤으로 가장 유명한 소립자가 전자입니다. 전하를 띠는 렙톤은 물질이 화학 반응을 일으킬 때 다양한 상호 작용을 합니다. 반면, 중성 미자는 상호 작용이 적으며 어떤 물질인지에 관한 연구가 지금도 계속 이루어지고 있습니다.

[쿼크]

위 쿼크 [up quark]
맵시 쿼크 [charm quark]
꼭대기 쿼크 [top quark]
아래 쿼크 [down quark]
낯선 쿼크 [strange quark]
바닥 쿼크 [bottom quark]

양성자와 중성자를 만들지!

[렙톤]

전자 중성 미자 [electron neutrino]
뮤 중성 미자 [muon neutrino]
타우 중성 미자 [tauon neutrino]
전자 [electron]
뮤 [muon]
타우 [tauon]

소립자를 구성하는 입자에는 쿼크와 렙톤이 있다. 각각 여섯 종류가 있다.

물질의 상호 작용을 맡고 있지!

위크 보손과 글루온

제창자	= 유럽 입자 물리 연구소, 독일 전자 싱크로트론 연구소
제창된 해	= 1979년
관련 용어	= 소립자, 쿼크

우리가 힘이라고 부르는 것에도 입자의 작용이 연관되어 있습니다. 물리학에서는 자연계에 존재하는 힘을 전자기력, 약력, 강력, 중력, 이렇게 네 가지로 분류하고, 각각 광자, 위크 보손, 글루온, 중력자라는 소립자가 힘을 전달한다고 봅니다. 그중 약력과 강력은 입자 간에 작용하므로 많이 들어보지는 못했겠지요. 약력은 입자의 붕괴 원인이 되는 힘을 말하는데 전자기력보다 훨씬 약하고 짧은 거리에서만 작용합니다. 반면 강력은 전자기력의 100배 정도의 크기를 가지는 가장 강한 힘으로 쿼크를 결속하는 힘을 가리킵니다.

[네 가지 힘을
전달하는 소립자]

광자

중력자

위크 보손

글루온

쿼크

자연계에는 4가지 힘을 매개하는 입자가 있다. 강력을 매개하는 글루온, 약력을 매개하는 위크 보손 외에도 전자기력을 매개하는 광자, 중력을 매개하는 중력자가 존재한다.

중성 미자

제창자	볼프강 파울리, 고시바 마사토시
제창된 해	1930년~현재
관련 용어	소립자, 쿼크, 렙톤

FILE.
121

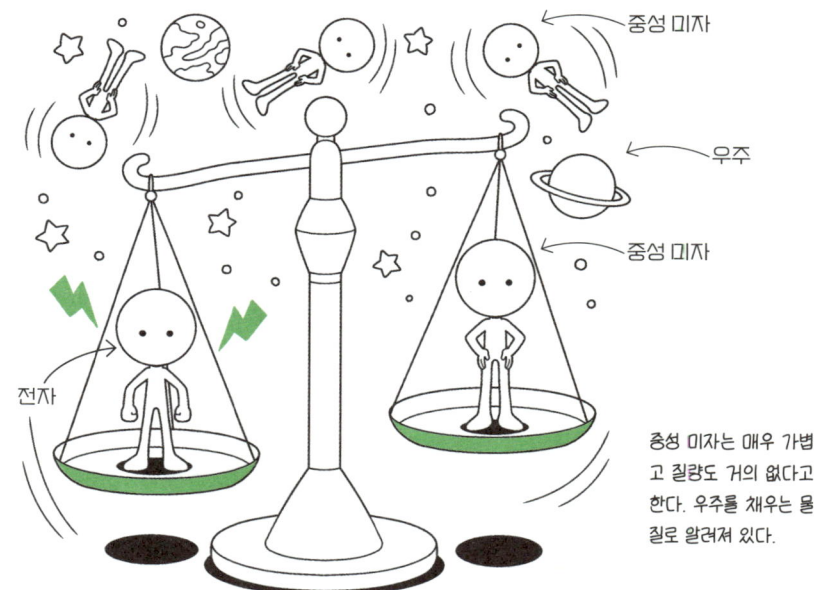

중성 미자

우주

중성 미자

전자

중성 미자는 매우 가볍고 질량도 거의 없다고 한다. 우주를 채우는 물질로 알려져 있다.

렙톤과 비슷한 전자, 뮤 입자, 타우 입자에는 각각 쌍을 이루는 세 종류의 중성 미자가 있습니다. 중성 미자는 전하를 갖지 않기 때문에 다른 입자와는 매우 약하게만 상호 작용을 합니다. 우주는 1cc당 평균 300개 정도의 중성 미자로 채워져 있습니다. 500㎖ 물병 안에 15만 개 정도의 중성 미자가 들어 있는 상황으로 상상하면 되겠습니다. 중성 미자는 같은 렙톤인 전자의 100만분의 1보다 가볍다고 하지만, 아직 정확하게 그 질량은 측정하지는 못했습니다. 중성 미자를 해명하면 우주에 물질이 탄생한 이유도 밝혀지겠지요.

중성 미자는 세 종류가 있는데, 모두 날아다니는 중에 종류가 바뀌어 버린다는 성질이 있습니다. 정확하게 말하면 중성 미자가 변신하는 것이 아니라 서로 중첩되면서 각자의 질량 차이가 생기고 일정 시간이 지나면 다른 중성 미자가 되어 버린다는 말입니다. 이런 현상을 중성 미자 진동이라고 합니다. 예를 들어 볼까요. 전자 중성 미자와 뮤 중성 미자가 중첩되었다면, 먼 거리를 날아가는 동안 각각의 질량 차에 의해 비율이 변하면서 어떤 비행 거리에서는 전자 중성 미자, 어떤 비행 거리에서는 뮤 중성 미자가 된다고 합니다.

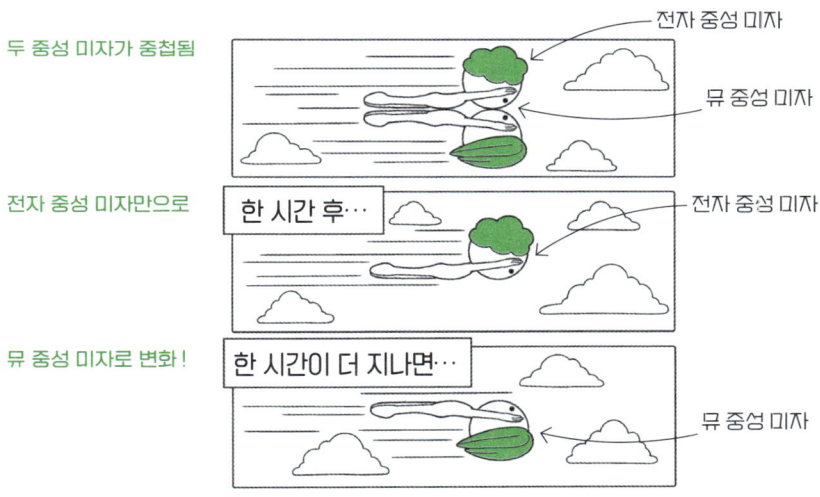

중성 미자는 중성 미자 진동을 통해 종류를 바꾼다.

중성 미자 연구의 최첨단을 달리는 가미오칸데

2002년 노벨 물리학상을 받은 고바야시 마사토시는 일본의 기후현 히다시에 있는 가미오칸데라는 중성 미자 검출 실험 연구소에서 초신성 폭발로 탄생하는 중성 미자의 관측에 세계 최초로 성공했습니다. 이 발견으로 물리학에서는 큰 변화가 일어났습니다. 그때까지 우주는 빛을 기준으로 파악되고 있었지만, 중성 미자로 우주의 현상을 해석하려는 흐름이 시작되었지요. 중성 미자는 아직 밝혀지지 않은 점이 많지만, 1996년에 세워진 슈퍼 가미오칸데에서 지금도 연구가 계속되고 있습니다. 2027년에는 슈퍼 가미오칸데의 성능을 훨씬 넘는 하이퍼 가미오칸데가 완성될 예정입니다.

쌍소멸과 쌍생성

FILE.
122

제창자	폴 디랙
제창된 해	1928년
관련 용어	소립자, 디랙 방정식

영국의 디랙은 상대성 이론(특수, 일반을 포함한 총칭)과 양자 역학을 결합하겠다고 마음먹고 디랙 방정식을 만들었습니다. 이 방정식을 풀자 모든 소립자는 같은 질량을 가지면서, 반대의 전하를 가지는 반입자를 가진다는 사실을 알았습니다. 소립자와 반입자는 상호 작용하여 소멸하거나 생성됩니다. 소립자와 반입자가 만나면 양과 음으로 상쇄되어 진공 상태가 만들어지고, 원래 소립자와 반입자가 가지고 있던 에너지만 남습니다. 이 현상을 쌍소멸이라고 합니다. 한편, 진공의 한 점에 에너지를 집중시켜 한 쌍의 소립자와 반입자를 내놓는 현상이 쌍생성입니다.

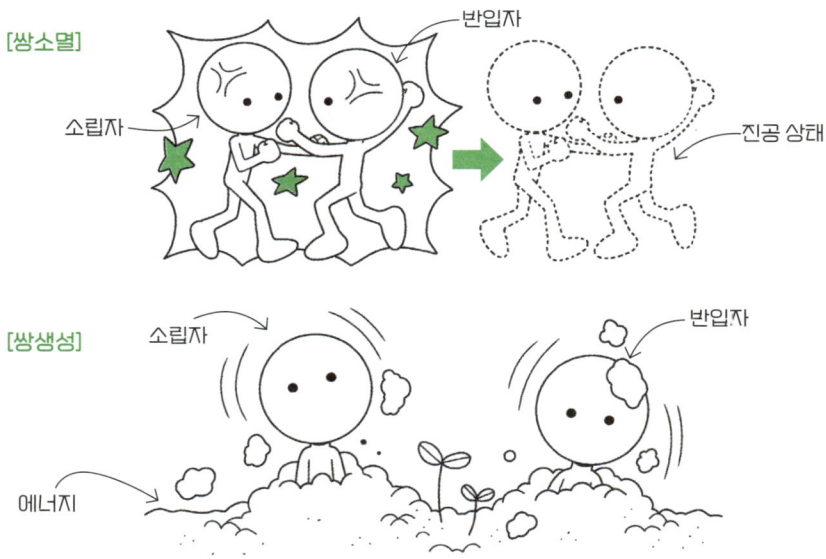

입자에는 반드시 반입자가 존재한다. 상호 작용해 쌍소멸이나 쌍생성을 일으킨다.

카이랄성

FILE.
123

제창자	양전닝, 리정다오 등
제창된 해	1956년
관련 용어	소립자, 손대칭성

카이랄성(性)은 어떤 현상과 그 거울상이 똑같지 않은 성질을 말합니다. 예를 들어 사람이 거울을 보면 원래의 형태에서 좌우가 역전됩니다. 일반적으로는 거울에 비친 상이 실재하는 물체와 똑같다고 생각하는데, 양자론에서는 반드시 같다고는 할 수 없습니다. 이 성질을 소립자의 카이랄성, 또는 손대칭성이라고 합니다. 카이랄성을 최초로 발견한 사람은 중국의 양전닝과 리정다오였습니다. 이 발견을 패리티 대칭성 깨짐이라고 합니다. 이 현상은 소립자뿐만 아니라 자연계에 있는 달팽이의 패각이 시계 방향과 반시계 방향으로 동일하지 않다는 점 등에서 볼 수 있습니다.

일반적으로 거울에는 같은 상이 비침

거울을 볼까?

좌우 반전된 같은 물체가 비침

안녕!

카이랄성에서는 다른 물체가 비침

우왓!

거울에 비친 상이 실재하는 물체와 꼭 일치하지는 않는다. DNA의 나선 구조나 달팽이집이 감긴 방향 등에서도 이를 찾아볼 수 있다.

자발적 대칭성 깨짐

제창자	난부 요이치로
제창된 해	1960~1961년
관련 용어	소립자, 카이랄성

[대칭성이 유지된다]

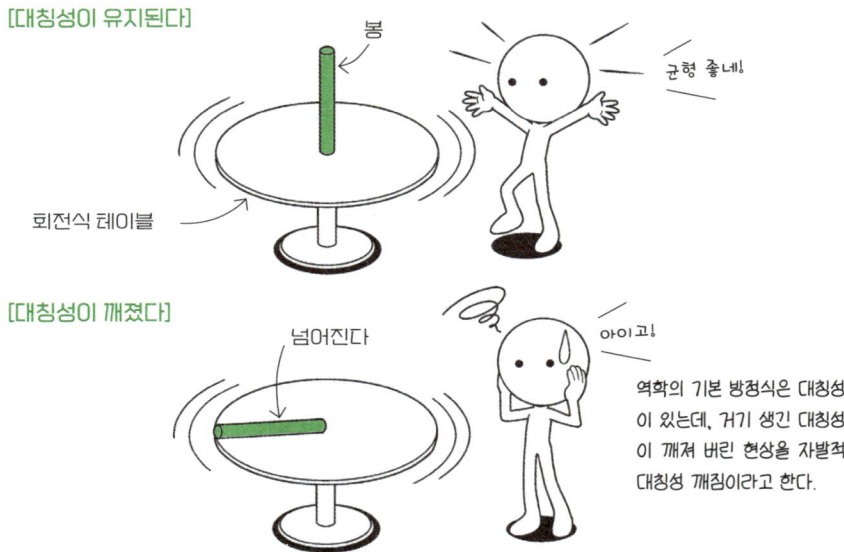

봉

회전식 테이블

균형 좋네!

[대칭성이 깨졌다]

넘어진다

아이고!

역학의 기본 방정식은 대칭성
이 있는데, 거기 생긴 대칭성
이 깨져 버린 현상을 자발적
대칭성 깨짐이라고 한다.

소립자의 카이랄성에 관해 난부 요이치로가 주장한 바는 자발적 대칭성 깨짐입니다. 이 성질은 이론상으로는 대칭성을 가지는데 실제로 실현할 때는 대칭성을 잃는 현상을 말합니다. 이 성질에 의해 소립자가 원래 가지고 있는 대칭성을 찾을 수있었습니다. 예를 들어 회전하는 둥근 테이블에 막대 하나를 수직으로 세워 두었다고 하겠습니다. 이론상으로는 테이블의 표면에 중력이 걸려 있어 역학적으로는 테이블의 회전에는 대칭성이 보입니다. 그러나 테이블이 회전하면 봉은 안정되지 않고 넘어져 버립니다. 이때 테이블의 회전에서 대칭성이 손실되어 자발적 대칭성 깨짐이 발생합니다.

난부는 소립자가 반입자와 서로 작용하여 쌍소멸한 진공 상태에서도 자발적 대칭성 깨짐이 일어날 수 있음을 증명했습니다. 사실 그가 밝혀낼 때까지 진공은 절대적으로 대칭성을 유지한다고 생각되어 왔습니다. 그러나 이 이론으로 우주에 관한 해석은 더욱 크게 발전했습니다. 예를 들어 인플레이션 이론에 의하면 급격하게 팽창한 우주 공간에서는 그때까지 한결같이 평면적이었던 공간에 흔들림을 만들어 내 공간의 대칭성이 자발적으로 깨짐으로써 천체를 형성했다고 생각할 수도 있지요. 이 자발적 대칭의 깨짐을 응용하여 생각하면 미국의 힉스가 제창한 힉스 입자에 도달합니다(→202쪽).

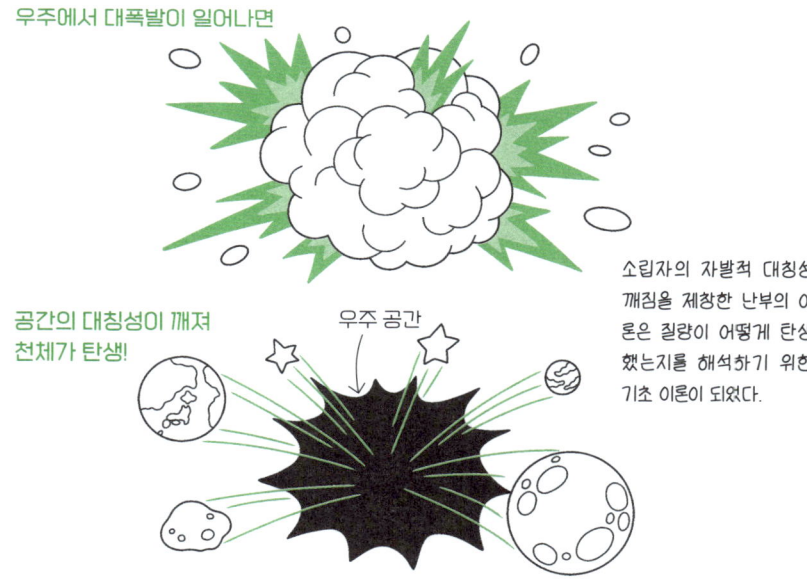

우주에서 대폭발이 일어나면

공간의 대칭성이 깨져 천체가 탄생!

우주 공간

소립자의 자발적 대칭성 깨짐을 제창한 난부의 이론은 질량이 어떻게 탄생했는지를 해석하기 위한 기초 이론이 되었다.

우주의 기원을 찾는 기초가 된 난부 이론

자석이나 결정 등 자연계에서는 대칭성이 자발적으로 깨져 일어나는 현상이 많이 있습니다. 난부 요이치로는 이 개념을 소립자 물리학으로 제창하고 특히 에너지가 매우 작은 파동이 나타난다는 점을 지적했습니다. 이것을 난부 이론이라고 합니다. 그러나 현재의 난부 이론으로는 온도와 밀도가 있는 초기 우주나 주변 현상에 그대로는 적용할 수 없는 예외가 있다는 사실도 알려졌습니다. 현재 신형 가속기를 활용해 난부 이론을 뒷받침하기 위한 실험이 행해지고 있습니다.

전약 통일 이론

제창자	셸던 글래쇼, 스티븐 와인버그, 압두스 살람
제창된 해	1972년
관련 용어	전자기력, 약력, 자발적 대칭성 깨짐

FILE.
125

전자기력

약력

힘을 통일하면 좋겠네.

자, 연구하자!

세 물리학자가 제창한 이론으로 전자기력과 약력의 통일을 시도했다. 다만 공동 연구가 아니라 개별적인 연구였다.

글래쇼   와인버그   살람

   자연계에 존재하는 네 힘(전자기력, 중력, 약력, 강력)을 통일하려고 하는 이론을 통일 이론이라고 합니다. 그중 하나가 전약 통일 이론(electroweak theory)입니다. 글래쇼, 와인버그, 살람 세 연구자가 제창해 글래쇼-와인버그-살람 이론(GWS 이론)이라고도 합니다. 이 이론은 '자발적 대칭성 깨짐'을 이용해 주로 전자기력과 약력을 통일하려고 시도했습니다. 이 이론에서는 약력이 전자기력에 비해서 약하고, 게다가 바로 옆에만 작용한다는 성질은 힘을 전달하는 소립자에 질량이 있기 때문이라고 주장했습니다.

전약 통일 이론의 기초는 앞에서 설명한 자발적 대칭성 깨짐을 토대로 한 난부 이론입니다. 난부 이론은 대칭성을 가진 입자는, 에너지가 최저 상태(진공)일 때, 그 장에는 0이 아닌 값(진공 기댓값)을 가지고, 대칭성을 깬다고 봅니다. 이때 난부 이론에서는 질량이 0이 된 난부 골드 스톤 입자가 나타난다고 했습니다. 반면 GWS 이론에서는 제로가 아닌 진공 기댓값을 가진 장을 이용해 질량을 가진 입자가 나타난다고 예측했습니다. 이 이론은 나중에 힉스 입자(→202쪽)의 존재가 밝혀지면서 실증되었습니다. 현재 힘의 통일 이론으로 완전히 실증된 이론은 전약 통일 이론뿐이라고 합니다.

난부 요이치로

이 이론은 대단해!

연구자들

소립자의 자발적 대칭성 깨짐을 주장한 난부 이론을 기반으로 전자기력과 약력의 통일이 도모되었다.

통일의 힌트가 되었지!

힘은 원래 하나였다고?

힘은 약 138억 년 전 우주가 탄생했을 때 함께 생겨났다고 알려져 있습니다. 원래는 하나의 힘이었다가 차차 분기되었겠지요. 가장 먼저 나누어진 힘은 중력입니다. 다음으로 강력이 갈라지고 우주의 인플레이션에 이르러 빅뱅이 일어났습니다. 그 뒤 인플레이션이 안정된 단계에서 전자기력과 약력이 탄생했습니다. 현재 관측할 수 있는 것은 이 네 힘이 존재하는 세계로, 표준 모델이라고도 합니다. 현재는 약력과 전자기력이 탄생하기 이전에 대한 연구가 진행되고 있습니다.

초대칭 대통일 이론

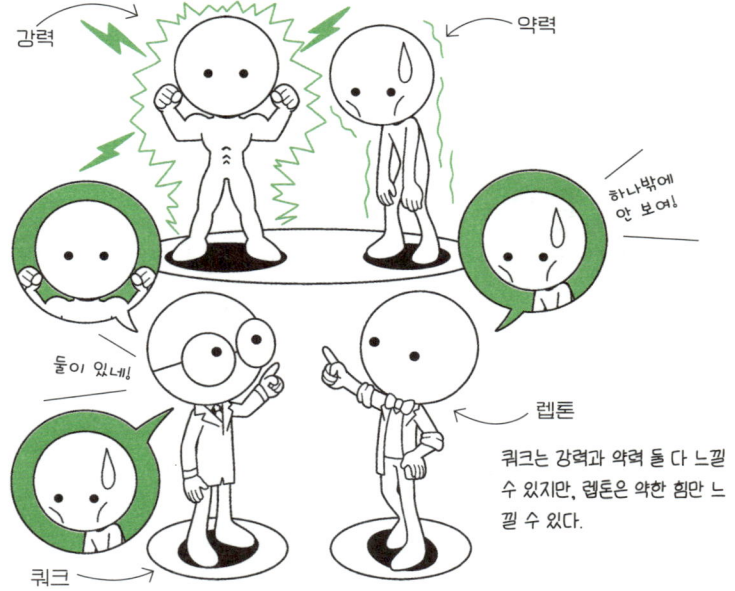

제창자	하워드 조자이
제창된 해	1981년
관련 용어	전약 통일 이론

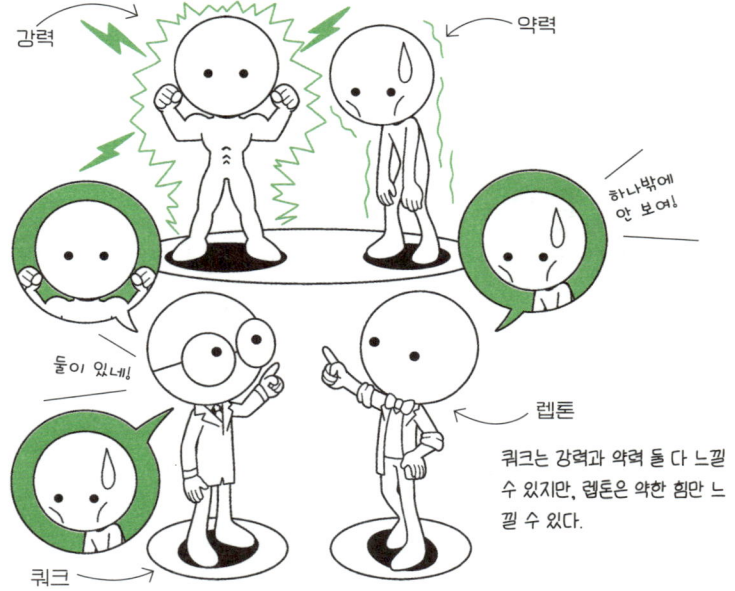

강력

약력

하나밖에 안 보여!

둘이 있네!

렙톤

쿼크는 강력과 약력 둘 다 느낄 수 있지만, 렙톤은 약한 힘만 느낄 수 있다.

쿼크

초대칭 대통일 이론이란 대통일 이론과 초대칭성 이론을 결합한 이론입니다. 먼저 생긴 쪽은 대통일 이론입니다. 전약 통일 이론의 전자기력과 약력에 강력을 더해 힘의 통일 이론을 형성하려고 시도했지요. 전자기력과 약력(전약력)은 쿼크, 렙톤 둘 다 느낄 수 있는 데 비해, 강력은 쿼크만 느낄 수 있습니다. 원래 쿼크와 렙톤은 대칭적인 존재이므로 이러한 차이가 발생하는 일은 부자연스럽습니다. 그러나 만약 전자기력과 약력, 강력이 통일되어 동일한 힘이라고 볼 수 있으면 이 부자연스러운 사실이 해소됩니다.

한편 초대칭성 이론이란 각각의 소립자의 대칭성을 검증하려는 이론입니다. 그때까지는 힘을 고려할 때, 쿼크나 렙톤이라는 물질을 만드는 소립자의 대칭성만 논의의 중심이 되었습니다. 그러나 물질을 만드는 소립자와 위크 보손이나 글루온이라는 힘을 전달하는 소립자에도 대칭성이 있다는 가설이 등장했습니다. 예를 들어, 소립자는 각각 스핀이라는 고유 성질이 있고, 정해진 운동량(수)을 가집니다. 쿼크와 렙톤은 반정수(정수와 1/2로 표현되는 정수)이고, 위크 보손이나 글루온은 정수입니다. 그러므로 대칭성을 만들기 위해서는 다른 물질이 필요합니다.

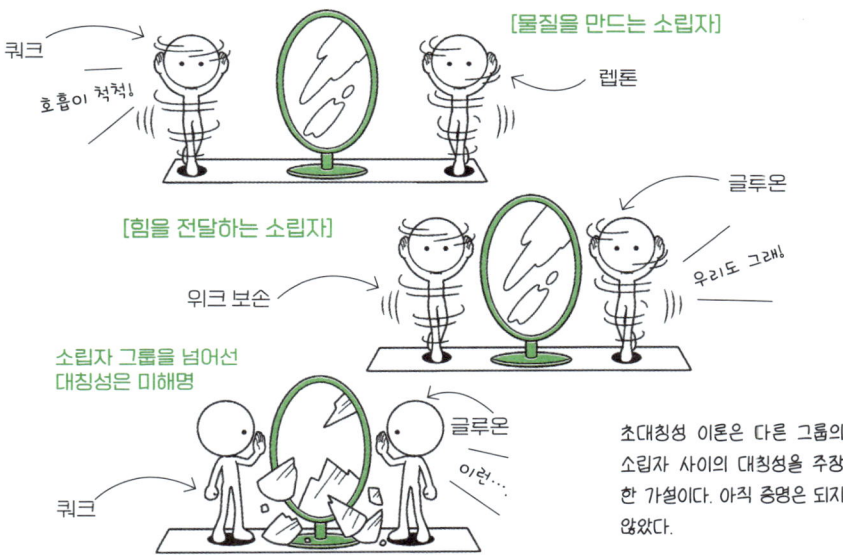

쿼크

호흡이 척척!

[물질을 만드는 소립자]

렙톤

글루온

[힘을 전달하는 소립자]

위크 보손

우리도 그래!

소립자 그룹을 넘어선 대칭성은 미해명

글루온

이런…

쿼크

초대칭성 이론은 다른 그룹의 소립자 사이의 대칭성을 주장한 가설이다. 아직 증명은 되지 않았다.

초대칭성 이론에서는 모든 입자에 초대칭성 입자(다른 물질)가 존재한다고 예측했습니다. 이 초대칭성을 계산하면 전자기력, 약력, 강력이 매우 높은 에너지로 동일해져, 힘이 통일된다고 생각할 수 있습니다. 이 이론을 증명하기 위해서는 초대칭성 입자의 존재를 발견해야 합니다. 현재 LHC라는 가속기로 고에너지 충돌 실험을 진행하며, 증명의 토대를 만들어나가고 있습니다. 이 이론이 입증되면 힘의 상호 작용이 이해되고 소립자의 작용이 더 명확해지겠지요.

콜로이드 입자

FILE.
127

제창자	토머스 그레이엄
제창된 해	1861년
관련 용어	브라운 운동, 틴들 현상

[틴들 현상]

물   콜로이드 용액

빛

빛의 진로가 분산됩니다.

[브라운 운동]

분자

물 속에서 부딪혀요.

스프레이나 면도 거품은 콜로이드 입자의 성질을 활용했다.

지상보다 물속에서 움직임이 느려지는 현상은 여러분도 직접 겪어보셨겠지요. 사실 입자에도 비슷한 현상이 일어납니다. 물속에 있는 녹말이나 단백질과 같은 입자는 확산하는 속도가 느려집니다. 이런 입자를 콜로이드 입자라고 합니다. 콜로이드 입자는 매우 작은 입자로 무척 불규칙하게 움직입니다. 콜로이드 입자는 물속의 분자와 서로 부딪혀 브라운 운동을 하기 때문입니다. 또, 콜로이드 입자가 녹은 액체(콜로이드 용액)에 빛을 쪼이면 입자에 의해 빛의 진로가 다양한 방향으로 분산되어 빛의 진로가 밝아집니다. 이를 틴들 현상이라고 합니다.

별난 원자

FILE.
128

제창자 = 불명
제창된 해 = 불명
관련 용어 = 전자, 양성자, 가속기

어떤 원자에서 양성자와 중성자, 전자를 다른 입자로 바꾼 것입니다. 예를 들어 수소 원자는 양성자 1개와 전자 1개로 이루어져 있는데, 이 전자를 반물질(질량과 스핀이 같고 전하 등이 반대의 성질인 물질)로 대체하면 별난 원자가 됩니다. 현재 최첨단 가속기 등을 이용해 별난 원자의 성질에 관한 연구가 진행되고 있습니다.

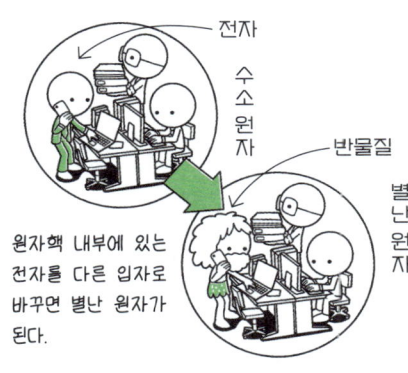

전자
수소 원자
반물질
별난 원자
원자핵 내부에 있는 전자를 다른 입자로 바꾸면 별난 원자가 된다.

오마이갓 원자

FILE.
129

제창자 = 더그웨이 성능 시험소
제창된 해 = 1991년
관련 용어 = 전자, 양성자, 가속기

놀라운 입자라는 의미의 이름을 가진 입자로, 우주 공간을 떠도는 고에너지 방사선의 일종입니다. 에너지가 매우 높고, 광속에 가까운 속도로 운동합니다. 빛과 경주해도 22만 광년에서 단 1㎝의 차이만 납니다. 이 작은 입자는 시속 100㎞인 야구공과 같은 에너지를 가지고 있습니다.

매우 작은 입자지만
시속 100km인 야구공과 같은 에너지

높은 속도나 에너지 때문에 오마이갓이라고 감탄할 정도로 충격을 안겨줬다.

보스-아인슈타인 응축

제창자	알베르트 아인슈타인, 사티엔드라 보스
제창된 해	1924년
관련 용어	드브로이파, 맥스웰 볼츠만 통계

① 편지를 쓰다

보스

② 편지를 받다

MAIL

아인슈타인

③ 두 사람의 의견이 결합!

놀라운 연구예요!

감사합니다!

당시 무명이었던 보스의 연구를 아인슈타인이 더 발전시켜 탄생한 양자 역학의 초석이 된 이론.

　상대성 이론을 제창한 아인슈타인은 다양한 학자로부터 자극을 받아 자신의 이론을 발전시켰습니다. 그중 한 명이 인도의 보스입니다. 그는 보스 입자(광자, 알파 입자)가 가지는 입자성과 파동성 두 가지 성질에 관해 연구를 진행했습니다. 1924년 보스는 자신의 논문을 학술지에 투고했지만 실리지 못했습니다. 그래서 아인슈타인에게 편지를 써서 보냈지요. 논문을 살펴본 아인슈타인은 크게 흥미를 느꼈습니다. 그리고 1925년에 보스의 이론을 더욱 발전시켜 아인슈타인이 보스-아인슈타인 응축이라는 현상을 예측했습니다.

보스-아인슈타인 응축은 보스 입자가 어떤 온도 이하가 되면 물질의 드브로이파(→96쪽)가 신장하고 갑자기 대량의 입자가 줄지어 서로 간섭하며 거대한 파동으로 움직이는 현상입니다. 이러한 입자성과 파동성은 양자 역학의 기본입니다. 입자와 파동의 성질을 알기 위해서는 통계 역학에 의한 계산이 필요해집니다. 통계 역학이란 많은 입자의 운동에 확률론을 적용하고 통계의 분포를 생각해 물리 이론을 만들고자 하는 학문입니다. 예를 들면 기체는 온도에 의한 법칙을 따릅니다. 고온이 되면 상대적으로 높은 운동 에너지를 가지는 분자가 증가하고 반대로 저온에서는 낮은 운동 에너지를 가지는 입자가 증가합니다. 이 이론은 맥스웰 방정식(→74쪽)을 발전시킨 맥스웰-볼츠만 통계를 따릅니다.

보스-아인슈타인 응축

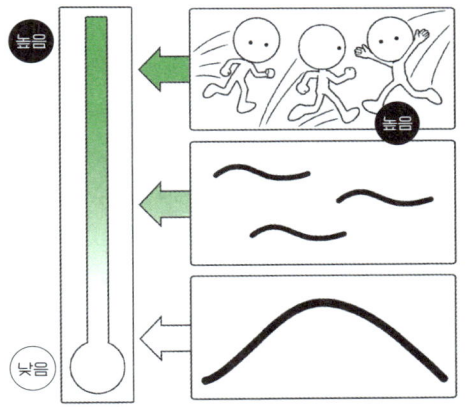

온도

어떤 입자가 저온이 되면 원자로 볼 수 없게 된다는 성질을 증명했다.

높음

높음

낮음

온도가 높으면 분자의 운동 에너지도 높아져 각각의 분자를 판별할 수 있다.

온도가 낮아지면 드브로이파가 신장해 각 물질이 겹쳐 보인다.

온도가 더 내려가면 분자가 완전히 겹쳐 하나하나를 판별할 수 없게 된다.

온도가 매우 높을 때는 분자 각각을 판별할 수 있습니다. 그러나 저온이 되어 드브로이파의 파장이 길어지면 각 분자의 물질파가 겹쳐 각각 다른 분자로 볼 수 없게 됩니다. 이 현상을 보스-아인슈타인 응축이라고 합니다. 아인슈타인이 이론을 내놓았을 당시에는 아직 실증실험을 할 기술이 없었습니다. 하지만 시간이 흘러 1995년에 레이저 냉각법이라는 당시의 최첨단 기술을 사용할 수 있게 되었고 보스-아인슈타인 응축이 입증되었습니다.

체렌코프 빛

제창자	파벨 체렌코프
제창된 해	1934년
관련 용어	충격파, 가시광선, 원자력

컵 안에 물이 있음

지그시~

컵에 빛을 쏨

얍!

컵 안의 광선이 빛남

우와! 빛난다!

체렌코프 빛은 전자 등이 투명한 물질을 빛의 속도 이상으로 통과할 때 발하는 빛을 말한다.

체렌코프 빛은 중성 미자와 같은 고에너지 입자가 물처럼 투명한 물질을 통과할 때 입자에 의한 충격파 때문에 생기는 청백색 가시광선입니다. 이 현상 자체를 표현할 때는 체렌코프 복사라고 합니다. 체렌코프 복사가 일어나는 조건은 주로 전자가 그 물질 안에서 빛의 속도(진공 속의 빛의 속도를 그 물질의 굴절률로 나눈 값)보다 빠를 때입니다. 체렌코프 빛은 원자력 발전과도 관련이 깊습니다. 사용 후 핵연료 저장 풀이나 풀형 원자로의 노심처럼 매우 강한 방사선을 내는 물질 주위에서 보입니다. 또, 중성 미자(→158쪽)를 관측하는 데도 체렌코프 빛이 이용됩니다.

콤프턴 효과

FILE.
132

제창자	아서 콤프턴
제창된 해	1922년
관련 용어	X선, 전자, 광자

파장이 매우 짧은 방사선의 X선(→110쪽)이 전자에 충돌하면 전자에 에너지를 주고 원래 X선이 가진 파장은 길어집니다. 이 현상을 콤프턴 효과라고 합니다. 또, 전자에 부딪힌 방사선은 다른 방향으로 산란하므로 콤프턴 산란이라고도 합니다. 방사선에 고에너지의 전자가 충돌하는 역 패턴도 있는데, 이를 역 콤프턴 효과라고 합니다. 역 콤프턴 효과는 우주에서 항상 발생합니다. 별에서 나온 빛이 높은 에너지로 가속된 전자와 충돌하면 에너지를 받아들인 광자는 에너지가 더 높은 상태인 X선이 됩니다.

전자를 향해 X선을
발사

전자

콤프턴 효과는 우주에서 발생하는 X선 등의 방사선이 생성되는 현상과 관련 있다.

전자에 맞은
방사선이 산란

X선

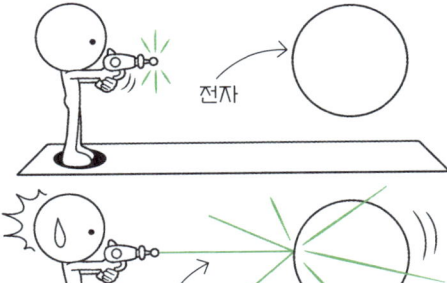

반대로 높은 에너지를 가진 전자가 방사선에 부딪히는 일을 역 콤프턴 효과라고 한다.

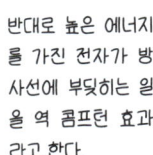

미세 구조 상수

제창자	아르놀트 조머펠트
제창된 해	1916년
관련 용어	물리 상수

FILE.
133

137이라고 쓰여 있는 보석함

열어 보니

열려라, 참깨!

137

137

우주의 비밀이 숨어 있다고?

137

비교할 수 있는 차원을 가지지 않는 미세 구조 상수는 우주의 기원과 우리의 세계를 특징짓는 숫자다. 약 137분의 1의 역수인 137이 미세 구조 상수다.

물리의 세계에서는 어떤 현상이나 성질을 나타내는 데 물리 상수를 사용합니다. 예를 들어 광속은 2.99792458×10^8이라는 상수로 나타냅니다. 여러 상수 중에서도 미세 구조 상수는 많은 수수께끼를 안고 있습니다. 미세 구조 상수는 소립자의 상호 작용을 나타내는데, 빛과 전자기의 영향을 보여줄 때 사용합니다. 수치는 137분의 1 입니다. 역수인 137이라는 숫자는 나눌 수 없는 소수이며 원자의 존재에서 우주의 구조까지 아우르는 특별한 의미가 숨어 있다며 수수께끼의 해명에 몰두한 과학자들도 있었습니다.

마법수

제창자	마리아 괴퍼트 메이어, 요하네스 한스 옌젠
제창된 해	1949년
관련 용어	원자핵, 양성자, 중성자

FILE.
134

마법수는 원자핵이 특히 안정된 양성자와 중성자의 개수를 말하며, 양성자수나 중성자수가 마법수인 원자핵의 종류를 마법핵이라고 합니다. 원자핵이 안정되면 붕괴나 핵분열이 일어나기 어렵다고 봅니다. 원자 번호 2, 8, 20, 28, 50, 82, 126이 현재 발견된 마법수입니다. 여기 해당하는 원소는 헬륨과 산소, 니켈 등이 있습니다. 일본의 이화학연구소에서는 장기적으로 마법수에 관한 연구를 계속하며, 2019년에는 니켈 원자핵의 양성자수와 중성자수가 함께 마법수가 된다는 증거를 발견했습니다.

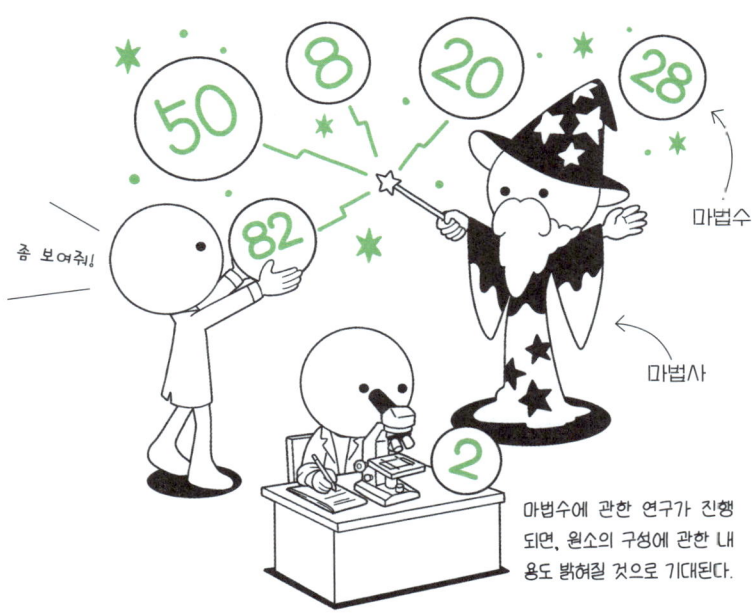

좀 보여줘!

마법수

마법사

마법수에 관한 연구가 진행되면, 원소의 구성에 관한 내용도 밝혀질 것으로 기대된다.

세계의 단위를 정하는 국제단위계

물 리학 세상에서는 단위가 무척 중요합니다. 단위가 정해져 있지 않으면 계산도 할 수 없으므로 어느 정도의 기준을 정해두어야 합니다. 1kg이라고 할 때 '그 기준은 무엇인가?'라는 질문을 들으면 어떻게 답할까요? 사실 일반적으로 사용하는 단위 대부분은 국제회의에서 결정합니다. 이 체계를 국제단위계(SI 단위)라고도 하는데, 이른바 미터법으로, 우리나라에도 오래전부터 정착되었습니다.

19세기 말에 프랑스에서 태어난 미터법이 기원

국제단위계는 물체의 길이나 무게, 속도 등을 계량할 때 사용하는 단위를 세계적으로 통일한 기준입니다. 시초는 18세기 말에 프랑스에서 만들어진 미터법이었습니다. 사실 그때까지 단위를 나타내는 양은 국가나 지방, 심지어 직종이나 시대에 따라서도 제각각이었습니다.

그러다 유럽에서 산업혁명이 일어나자 국제적으로 무역이 활발해졌는데, 국가별로 계량 단위가 달라 많은 폐해가 생겨났습니다. 생각해 보면 금방 알겠지만 단위가 통일되지 않았기 때문에 거래를 할 때도 상대방의 단위를 이해하지 않으면 매매계약조차 원하는 대로 이루어지지 않습니다. 이런 이유로 프랑스의 물리학자들이 앞장

지도상 검은 지역(미국, 미얀마, 라이베리아)은 국제단위계를 사용하지 않는다.

176

서 유럽에서 미터법의 도입을 정하는 조약을 체결했습니다. 우리나라도 1959년에 조약 가입을 결정했으며 이후 국제단위계에 따른 단위를 사용하고 있습니다.

현재의 기준은 물리학적 계산이 이용된다

그러면 구체적으로 어떻게 길이 등의 단위를 정했을까요? 사실 원기라고 불리는 측정 도구를 사용했습니다. 예를 들면, kg(킬로그램)은 1889년에 세계에서 하나밖에 없는 국제 킬로그램 원기라는 분동이 만들어져 기준이 되었습니다. 국제 킬로그램 원기는 높이 약 39㎜, 지름 약 39㎜인 원통형 분동으로 백금과 이리듐의 합금으로 만들었습니다. 당시에는 이 분동의 복사품을 만들어 조약에 참가한 나라들에 배포하는 형식을 이용했습니다.

그러나 시대가 흐르면서 다양한 단위의 통일이 필요해졌고, 그때마다 개정이 요구되었습니다. 여러 차례 단위가 개정되어 2019년에는 다음 표와 같이 일곱 가지 기준과 정의가 정해졌습니다. 지금은 원기를 사용하지 않고 물리학적 계산을 이용합니다. 반면 미터법을 사용하지 않는 주요 나라가 있는데 바로 미국입니다. 지금도 야드나 파운드와 같은 독자 기준을 사용합니다. 미터법과 변환할 때 오차도 있어 크게 손실을 겪기도 하지만 절대 바꾸려고 하지 않습니다. 이유는 명확하지 않지만 아무래도 미국이 기준을 만들고 싶다는 의지가 아닐지 추측해 봅니다.

• 기준이 되는 일곱 가지 단위

기본량	기호와 명칭	정의
길이	m(미터)	1초의 299,792,458분의 1의 시간에 빛이 진공 상태에서 나아가는 거리
질량	kg(킬로그램)	플랑크 상수 h를 정확하게 $6.62607015×10^{-34}$Js라고 정함으로써 설정됨
시간	s(초)	세슘 133 원자의 바닥 상태에 있는 두 초미세 구조 준위 사이의 전이에 대응하는 복사 주기의 9,192,631,770배의 지속 시간
전류	A(암페어)	기본 전하량 e를 정확하게 $1.602176634×10^{-19}$C라고 정함으로써 설정됨
온도	K(켈빈)	볼츠만 상수 k를 정확하게 $1.380649×10^{-23}$J/K라고 정함으로써 설정됨
물질량	mol(몰)	1몰은 정확히 $6.02214076×10^{23}$의 구성 요소 입자를 포함함
광도	cd(칸델라)	1칸델라는 주파수 540테라헤르츠인 단색 복사를 방출하는 광원의 복사도가 어떤 주어진 방향으로 매 스테라디안 당 1/683와트일 때 이 방향에 대한 밝기

2장

세상에 이런 일이! 믿기 힘든 신기한 이론

INTRODUCTION

엔터테인먼트에서도 활약하는 현대 물리학

　앞에서는 양자 역학을 중심으로 한 현대 물리학의 이론을 소개했습니다. 현대 물리학에는 양자 역학 외에도 재미있는 이론이 많이 있는데, 엔터테인먼트의 세계에도 종종 등장합니다.

히가시노 게이고 원작인 『라플라스 마녀』는 18세기에 프랑스의 수학자 라플라스가 제창한 모든 물리 현상을 관장하는 악마(라플라스의 악마) 등에서 영감을 얻었습니다. 현대 물리학은 이론적이면서 미스터리 요소를 가지고 있어 엔터테인먼트와 서로 잘 어울립니다.

상대성 이론이나 양자 역학과 견줄 만한 카오스 이론

　양자 역학 외에도 물리학에는 신기한 이론이 많이 존재합니다. 그중 하나가 카오스 이론(→190쪽)입니다. 카오스 이론은 어떤 하나의 현상이 그다음 현상에 큰 변화를 불러온다는 내용으로, 상대성 이론이나 양자 역학과 견줄 만한 대발견이라고 합니다.

원자도 만들고 힘도 만드는 소립자

　　이런 신기한 이론의 원천으로 역시 양자론이 빠질 수 없습니다. 그중에서도 모든 물리 현상이 확률적으로 일어난다는 이론적 해석은 혁명과도 같았습니다. 이 이론을 물리적으로 풀어보려 한 사람이 독일의 베르너 하이젠베르크입니다. 하이젠베르크는 불확정성 원리(→184쪽)라는 이론을 만들었습니다. 현재에도 양자를 해석하는 데 있어서 기본 원리로 널리 받아들여집니다. 또, 오스트리아의 에르빈 슈뢰딩거는 입자가 가지는 파동의 성질에 주목해 슈뢰딩거 방정식(→180쪽)을 만들어 냈습니다. 이 방정식에 의해 파동 함수라는 개념이 도입되어 양자의 세계를 해석하는 초석이 되었습니다.

 ## 현대 물리학에 '절대'는 있을 수 없다

　　과거에는 악마와 같은 존재가 모든 원인과 결과를 지배한다는 이론이 있었지만, 현대 물리학에서 절대적인 것은 존재하지 않습니다. 우리가 당연하게 여기는 내가 여기에 존재한다는 인식조차 결코 진실이 아닙니다.
예를 들면 세계 5분 전 가설(→194쪽)은 인간에게 위조된 기억을 5분 전에 심어 놓았다고 가정한 것입니다. 누가 들어도 의문을 가질 만한 이야기지만, 확률적인 현대 물리학에서는 완전히 부정할 수 없습니다.

POINT
- ▶현대 물리학에는 신기한 이론이 많다!
- ▶카오스 이론은 상대성 이론이나 양자 역학과 견줄 만한 이론이다.
- ▶모든 일은 확률적으로 일어난다고 본다.

FILE.
135

슈뢰딩거 방정식

제창자	에르빈 슈뢰딩거
제창된 해	1926년
관련 용어	파동, 드브로이파, 양자

슈뢰딩거 방정식은 미시 세계를 표현하는 양자 역학의 기초로 불립니다. 오스트리아의 슈뢰딩거는 드브로이파에 관심을 가지고 살펴보면서 입자가 어떻게 해서 파동처럼 움직이는지에 관한 방정식을 도출했습니다. 입자는 너무 작아서 일반적인 현미경으로는 관측할 수 없습니다. 그래서 슈뢰딩거는 머릿속에서 실험하고 방정식을 만들어 냈습니다. 이 방정식에서 알게 된 사실은 에너지는 불연속으로 띄엄띄엄 존재한다는 것입니다. 이것이 양자 역학의 가장 기초 개념입니다.

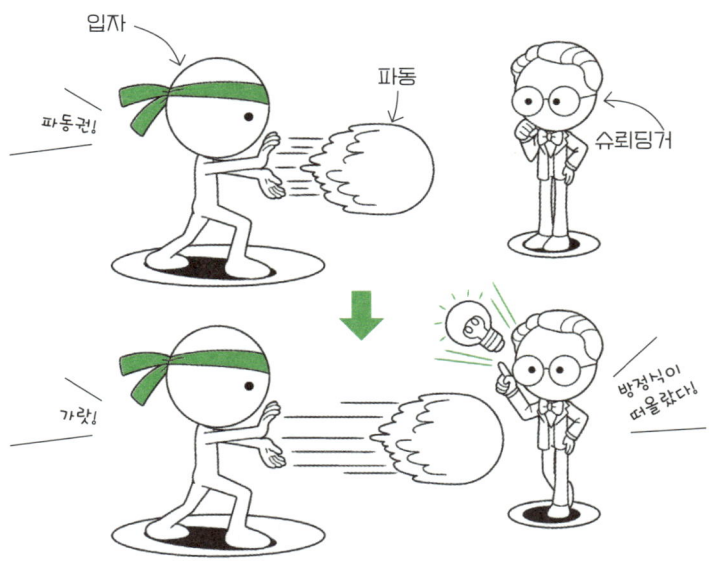

슈뢰딩거 방정식에서 도출된 함수는 파동 함수라고 한다. 소립자가 가지는 파동과 같은 움직임의 성질을 나타낸다.

과거에는 전자를 비롯한 입자는 일정한 궤도를 가지는 운동을 한다고 생각했지만, 슈뢰딩거 방정식을 통해 미시 세계의 물리 현상은 확률적으로 일어난다는 사실을 알았습니다. 당첨 제비가 한 장, 낙첨 제비가 아홉 장 들어 있는 상자가 있다고 해 봅시다. 열 명이 한 장씩 제비를 뽑고, 낙첨이면 다시 상자에 집어넣습니다. 이때, 열 명이 몇 번을 뽑아도 당첨 제비가 나오지 않을 때도 있고, 첫 번째 사람이 한 번 만에 당첨될 때도 있습니다. 이렇게 미시 세계에서는 어떤 일이 일어나거나 어떤 상태에 있는지는 확정적이 아니고 어떤 일이 일어날지도 모르며 일어나지 않을 수도 있어 확률적이라고 생각했습니다.

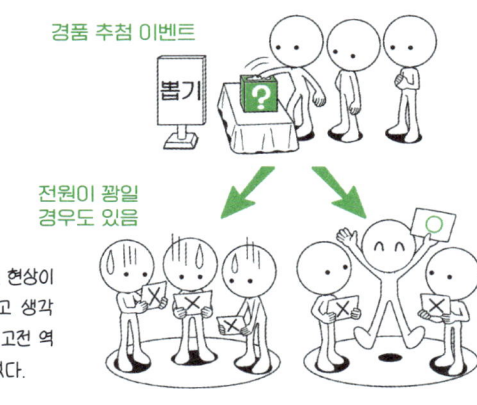

경품 추첨 이벤트

뽑기

전원이 꽝일 경우도 있음

양자 역학에서는 모든 현상이 확률적으로 일어난다고 생각하기 때문에, 뉴턴의 고전 역학으로는 설명할 수 없다.

첫 뽑기에서 당첨될 경우도 있음

슈뢰딩거의 고양이

슈뢰딩거의 유명한 사고 실험 중에 '슈뢰딩거의 고양이'가 있습니다. 밀폐된 상자 안에 고양이 한 마리가 들어 있고, 방사성 물질로 고양이를 죽이는 장치도 함께 들어가 있다고 해봅시다. 방사성 물질은 한 시간에 50%의 확률로 방사선을 쏘는데, 그 방사선에 의해 장치가 기동하면 고양이는 그 자리에서 죽어버립니다. 그렇다면 한 시간 후에 고양이는 죽어 있을까요? 평범하게 생각하면 한 시간 뒤에 고양이는 살아 있을지 죽었을지 어느 쪽이든 확정된 상태이겠지만, 슈뢰딩거는 인간이 관측할 때까지 고양이의 생사는 확정되지 않았고, 살아 있는 상태와 죽은 상태가 겹쳐 있다고 보았습니다. 이 실험을 통해 관측할 때까지 사건의 상태는 확정되지 않는다는 양자론의 불완전성을 보여주었습니다.

결정론

제창자	존 스튜어트 벨, 헤라르뒤스 엇호프트 등
제창된 해	20세기~현재
관련 용어	양자, 자유 의지, 초결정론

　결정론이란 보통은 자유롭게 결정한다고 여기는 인간의 의지나 행동이 사실은 어떤 힘으로 결정된다는 개념입니다. 주변에서 어떤 나쁜 일이 계속 일어나면 '천벌을 받나?'라고 생각할 때가 있지요. 이러한 생각도 하나의 결정론입니다. 이 결정론을 부정하는 것의 하나로 자유 의지가 있습니다. 자유 의지는 인간이 무엇을 하는지 매번 자신의 의지로 행동을 결정합니다. 예를 들면 신호가 초록으로 바뀌었을 때, 동시에 우주에서 초신성 폭발이 일어난다고 해도 길을 건널지 건너지 않을지는 스스로 결정합니다. 그러므로 결정론은 이제 부정되었다고 보아도 됩니다.

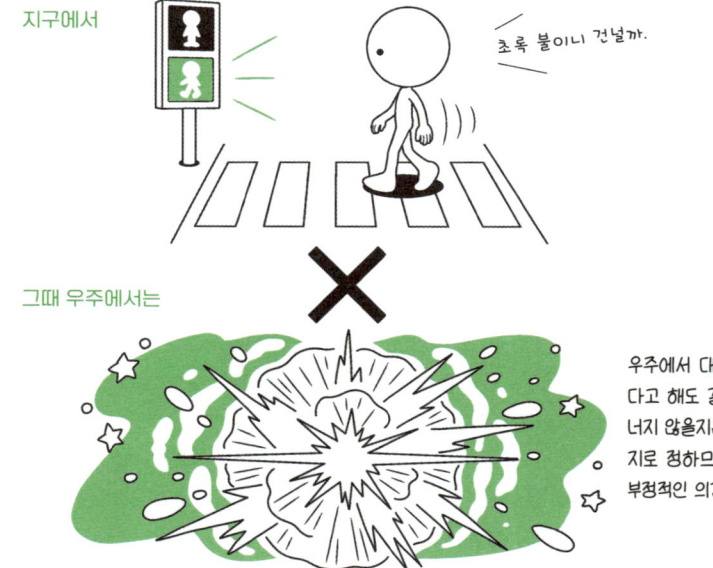

지구에서

초록 불이니 건널까.

그때 우주에서는

우주에서 대폭발이 일어났다고 해도 길을 건널지 건너지 않을지는 자유로운 의지로 정하므로 결정론에는 부정적인 의견이 많다.

반면 지금도 꿋꿋하게 남아 있는 이론은 초결정론입니다. 초결정론은 우리의 자유의지조차도 결정하는 요인이 있다고 여기는 이론입니다. 관측자가 관측할 스 없는 숨은 변수가 있다고 보지요. 사실 아인슈타인도 양자 역학적인 확률론에 대해서는 회의적이어서 죽을 때까지 받아들이지 못했다고 합니다. 또, 드브로이파를 발견한 드브로이도 숨은 변수 이론을 믿었습니다. 최근에는 네덜란드의 엇호프트라는 유명한 물리학자가 초결정론에 호의적인 의견을 밝혔습니다. 그 밖에도 현실 세계 자체가 게임과 같은 가상 공간일 수도 있다는 주장도 있었지만, 우리의 의지와 행동이 무엇인가로 정해져 있다는 점을 완전히 부정할 수 없다는 것도 사실입니다.

숨은 변수

아인슈타인

내 의지는 어찌 되는 거지?

아인슈타인은 초결정론을 완전히 믿지는 않았지만, 숨은 변수가 있다는 점은 믿었다.

숨은 변수

인간의 심리도 양자 역학으로 설명할 수 있다고?

최근 심리학이나 행동 경제학 분야에서 양자 역학의 개념을 활용해 인간의 의사 결정을 생각한다는 '양자 의사 결정론' 연구가 진행되고 있습니다. 언뜻 보아서는 합리적이라고 생각할 수 없는 판단을 해 버리는 원인을 찾아본다는 이론입니다. 예를 들어, 날씨가 나쁠 때(A)와 날씨가 좋을 때(B), 등산을 계획한 사람들이 결행하는 확률을 A는 60%, B는 80%라고 해봅시다. 만약 날씨 상황을 모른다면 어떨까요? 평범하거 생각하면 날씨를 모를 때 등산 결행 확률은 중간 정도인 70%가 되어야 합리적이겠지만, 실제로 조사를 해보면 40%가 되기도 합니다. 이와 같은 예에서 사람은 불확정한 사건에 직면할 때, 반드시 단순한 평균이라는 합리적인 판단을 하지 못한다는 점은 분명하므로 이 의사 결정에서 확률론을 양자 역학적으로 해명하려고 시도합니다.

불확정성 원리

제창자	= 베르너 하이젠베르크, 오자와 마사나오
제창된 해	= 1927년
관련 용어	= 드브로이파, 전자, 슈뢰딩거 방정식

FILE.
137

독일의 하이젠베르크는 슈뢰딩거와 함께 양자 역학의 기초를 세운 인물입니다. 그는 드브로이파에도 관심을 가지고 행렬 역학이라는 이론도 만들었습니다. 여기서 말하는 행렬이란 인기 있는 식당에 서는 줄이 아니라 수학적인 의미입니다. 하이젠베르크는 눈에 보이지 않는 전자의 움직임을 관측할 수 있는 물리량만 이용해 이론의 틀을 만들고자 했습니다. 전자가 어떤 움직임으로 특정 빛을 흡수하거나 방출하는지를 알아보려고 했지요. 여기서 뉴턴의 고전 역학 상식이 통용되지 않는다는 점을 깨닫고, 수학의 행렬이라는 계산 방법을 활용해 전자의 작용을 설명했습니다.

하이젠베르크는 전자의 움직임을 행렬이라는 수학적 접근으로 해명했다.

그러면 하이젠베르크는 입자를 어떤 식으로 생각했을까요? 입자에 빛(감마선)을 쏘아 튕겨 나간 빛을 현미경으로 봄으로써 입자의 위치와 운동량을 특정하는 케이스를 생각했습니다. 이렇게 생각할 때, 입자는 위치가 정해져 있는 상태에서는 운동량이 정해지지 않고, 반대로 운동량이 정해진 상태에서는 위치가 정해지지 않는다는 사실을 알았습니다. 이를 불확정성 원리라고 합니다. 고전 역학에서는 입자의 상태는 위치와 속도를 동시에 지정함으로써 결정된다고 했지만, 하이젠베르크의 이론에서는 위치와 속도가 정해진 상태는 허용되지 않습니다. 하지만 고전 역학이 지금도 이용되는 이유는 일상생활에서 다루는 크고 무거운 물체에 관해서는 문제없이 설명할 수 있기 때문입니다.

하이젠베르크

뒷일을 부탁해!

오자와 마사나오

아직 불완전하잖아.

한번 해보자.

됐다!

하이젠베르크의 불확정성 원리의 식에는 문제점도 있지만, 2003년에 일본의 오자와 마사나오가 추가로 개선했다.

단, 하이젠베르크의 불확정성 원리에는 측정의 오차 등 엄밀히 말하면 원리라고 부르기에는 부족한 면이 있었습니다. 이 불완전성을 일본의 오자와 마사나오가 개선했습니다. 오자와는 2003년에 하이젠베르크가 만든 식에 표준편차라는 개념을 더해 하이젠베르크의 이론을 더욱 일반적으로 사용하게 했습니다. 실제로 중성자를 이용한 검증 실험이 이루어지면서, 오자와가 만든 식이 옳다는 사실을 뒷받침하고 있습니다. 아직 엄밀히 원리로 인정받기까지는 검증이 필요한 단계지만, 장래에 옳다고 인정될 경우 '하이젠베르크-오자와 이론'이라는 이름이 될지도 모릅니다.

코펜하겐 해석

제창자	베르너 하이젠베르크, 닐스 보어
제창된 해	1955년
관련 용어	슈뢰딩거 방정식, 불확정성 원리

FILE.
138

슈뢰딩거 방정식에 의하면 입자는 확률로 존재하므로 원자의 속에 전자가 어디에 존재하는지를 확정할 수 없습니다. 그러나 전자현미경을 사용하면 원자를 발견할 수 있습니다. 즉, 관측하기 전까지는 전자가 어디에 있는지를 특정할 수 없지만 관측하는 순간에는 전자의 위치가 특정됩니다. 이것이 코펜하겐 해석의 기본적인 개념입니다. 또, 관측 전에 무수히 흩어져 있던 전자가 관측하는 순간에 위치가 특정되는 현상은 파동 함수의 수축이라고 합니다.

발견되기 전에는 어디에 있는지 모름

무궁화꽃이 피었...

전자

관측하면 특정됨

...습니다!

걸렸네.

관측하는 순간에 전자의 위치를 알게 되는 이유는 파동 함수의 수축이 일어나 어떤 특정 장소에 전자가 존재할 확률이 1이 되기 때문이다.

다세계 해석

제창자	휴 에버렛
제창된 해	1957년
관련 용어	코펜하겐 해석

FILE.
139

다세계 해석은 쉽게 말하면, 평행 우주의 개념과 비슷한 양자 역학적인 해석을 가리킵니다. 코펜하겐 해석에서는 전자를 관측하는 순간 전자가 파동 함수의 수축을 일으키기 때문에 관측 가능하다고 했습니다. 그러나 에버렛은 대담하게도 인간에게 역시 파동 함수를 적용해야 한다고 주장했습니다. 즉, 어떤 인간이 전자를 관측하면 인간은 A 지점에서 관측한 인간 A, B 지점에서 관측한 인간 B 이렇게 나뉜다고 보았습니다. 이 해석으로 생각해 보면 우리가 실재하는 세계도 관측 전에는 무수하게 존재한다는 말이 됩니다.

[A 지점]

인간 A

들여다볼까?

전자

다세계 해석에서는 세계가 무수하게 존재하고 인간이 전자를 관측한 순간에 세계가 나뉘어 간다고 생각한다.

[B 지점]

인간 B

여기서도 관측 중!

전자

사실 우리도 관측하고 있어.

현대 물리학의 토대를 마련한 사고 실험

사 고(思考) 실험이란 글자 그대로 머릿속에서만 실험하는 것입니다. 철학 분야에서 거론하는 경우도 있지만, 물리학에서는 사고 실험으로 발견한 법칙이 발전의 기초가 되었습니다. 특히 상대성 이론이나 양자 역학의 세계에는 과거 과학자들의 사고 실험에 의한 결과를 실제로 검증해 후세에 실험이 증명되기도 합니다.

철학의 사고 실험은 답이 없다!

철학 분야에서는 '트롤리(탄광 수레, 전차) 딜레마'라는 유명한 사고 실험이 있습니다. 이 실험은 다음과 같은 물음에 답하기를 목적으로 합니다.

폭주하는 트롤리가 있다고 해봅시다. 선로 끝에는 작업자 여러 명이 있는데, 피할 시간이 없습니다. 당신은 트롤리 선로를 바꾸는 스위치를 발견했습니다. 스위치를 누르면 트롤리의 선로가 바뀌고 많은 작업자가 목숨을 구합니다. 그러나 스위치로 바꾸려고 하는 쪽에도 작업자가 한 명 있습니다. 많은 작업자가 목숨을 구하는 대신 한 명을 희생시킬지 결정해야 하는 명제입니다.

이 사고 실험은 개인의 윤리관과 가치관에 따라 생각하기 때문에 정해진 답은 없습니다. 최근에는 도덕 수업에서도 이런 사고 실험이 도입된다고 합니다. 즉, 철학에서 사고 실험은 생각해 본다는 행위 자체에 큰 의미가 있습니다.

아인슈타인도 사고 실험을 반복했다

물리학에서 사고 실험은 의미가 다소 다릅니다. 앞에서 소개한 상대성 이론의 쌍둥이 역설(→104쪽)이나 슈뢰딩거의 고양이(→181쪽)도 사고 실험 중 하나입니다. 둘 다 답이 나오지 않는 사고 실험이라는 의미에서는 철학의 문제와 비슷하지만, 물리학은 후세의 연구자가 실험이나 관측을 통해 이론을 검증하거나 입증합니다. 특히 아인슈타인의 상대성 이론은 거의 머릿속에서만 생각할 수 있는 내용입니다. 그 사고 실험을 증명하기 위해 방정식 등을 이용하지요.

150년 만에 마침내 해결했을까? 맥스웰의 악마

물리학 사고 실험에서 어느 정도 결론이 난 이론도 있습니다. 1867년에 나온 '맥스웰의 악마'입니다. 저온 물체에서 고온 물체로 열이 이동할 때 다른 어떤 변화도 남을 수는 없다는 클라우지우스의 원리와 하나의 열원에서 흡수한 열을 모두 일로 바꾸는 데에, 다른 어떠한 변화도 남기지 않는 일은 불가능하다는 톰슨의 원리를 나타내는 열역학 제2법칙을 깨려고 시도한 사고 실험입니다. 제임스 클라크 맥스웰은 기체가 들어간 용기의 양쪽에 온도 차를 만들어 오른쪽은 뜨겁게, 왼쪽은 차갑게 하려고, 용기 중앙에 좌우를 나누는 가림판과 가림판을 여닫아 빠른 분자를 오른쪽으로, 느린 분자를 왼쪽으로 나누는 악마의 존재를 생각했습니다.

언뜻 생각하면 터무니없는 이론이지만, 현대 물리학에서 실현 불가능하지 않다고 주장하는 연구자도 있어 진지하게 논의가 계속되었습니다. 문제는 무려 2010년까지 이어져 오다가 드디어 해결되었습니다. 일본의 물리학자가 했던 세계 최초 맥스웰의 악마 재현 장치 실험에서 악마의 존재가 부정되었습니다. 하지만 이 논쟁은 지금도 계속 이어지고 있습니다.

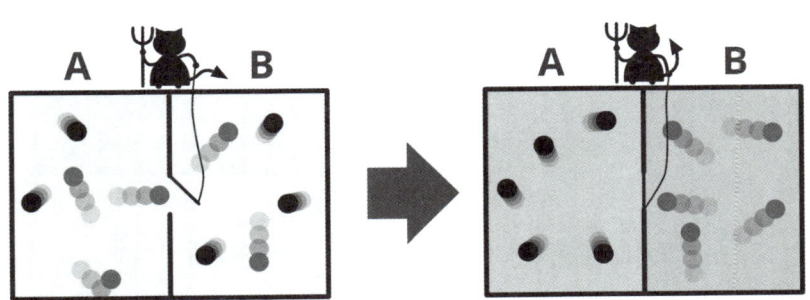

맥스웰의 악마 개념도 .

카오스 이론

제창자	앙리 푸앵카레, 판 데르 폴 등
제창된 해	19세기~현재
관련 용어	양자 역학, 상대성 이론

FILE.
140

낚시하는 사람 옆에 잎이 떨어짐

작은 변화가 큰 변화를 불러온다는 카오스 이론의 기본이다

벌레가 붙어 있지 않으면 잎만 낚임

벌레가 붙어 있으면 물고기까지 함께 낚임

카오스는 무질서나 혼란을 의미하지요. 카오스 이론은 상대성 이론이나 양자 역학과 견줄 만한 대발견이라고 합니다. 카오스 이론은 어느 하나의 현상이 그 뒤에 따라오는 현상에 큰 변화를 유발한다는 내용입니다. 예를 들어 자기 의지가 없는 나뭇잎이 강에 떨어졌다고 해봅시다. 그다음 나뭇잎이 어떻게 될지 예측하기는 당연히 어렵습니다. 물고기가 뛰어오르면 수면이 움직여 나뭇잎이 흔들리기도 하고, 돌에 부딪혀 진로가 바뀌기도 하겠지요. 나뭇잎의 위치가 조금만 바뀌어도 진로가 크게 바뀌기도 한다는 말입니다. 이렇게 작은 변화가 큰 변화를 불러오는 현상을 카오스 이론이라고 합니다.

엔트로피 증가 법칙

FILE.
141

제창자	= 루돌프 클라우지우스
제창된 해	= 1865년
관련 용어	= 열역학 제1법칙, 열역학 제2법칙

엔트로피는 원래 열역학에서 사용된 개념으로, 쉽게 말하면 무질서한 상태의 정도를 뜻합니다. 엔트로피는 무질서할수록 높아지고, 질서가 있을수록 낮아집니다. 엔트로피 증가 법칙이란 모든 일은 방치하면 무질서, 혼란도가 높아진다는 이론입니다. 뜨거운 커피를 가만히 놔두면 상온으로 돌아가지 저절로 뜨거운 물로 돌아가지 않습니다. 이런 변화를 비유적으로 '시간의 화살'이라고 합니다. 그러나 양자 역학에서는 시간을 거슬러 돌아갈 수도 있습니다. 즉, 커피가 저절로 뜨겁게 돌아갈 수도 있다고 하여 최근에는 이 연구가 각국에서 계속되고 있습니다.

엔트로피 증가 법칙에서는 결코 이전 상태로 돌아갈 수 없었던 커피 온도가 양자 역학적 해석에서 원래로 돌아갈 가능성이 없는지에 관한 연구가 계속되고 있다.

라플라스의 악마

제창자	피에르 시몽 라플라스
제창된 해	1799년~1825년
관련 용어	양자 역학, 카오스 이론

　프랑스의 수학자 라플라스가 제창한 이론입니다. 어떤 시점에서 모든 역학적, 물리적 상태를 완전히 파악하고 해석하는 능력을 지닌 악마의 존재에 대해 언급한 이론으로 라플라스의 악마라고 합니다. 이 악마는 미래나 우주의 모든 운동을 알고 있다고 설정했습니다. 이런 개념이 나온 이유는, 당시에는 뉴턴 역학으로 모든 자연 현상을 설명할 수 있다고 생각했기 때문입니다. 라플라스는 뉴턴 역학처럼 모든 사건에 원인과 결과가 있다면 현재 일어난 사건을 기반으로 한 미래의 결과도 정해져 있다고 주장했습니다. 이 주장이 결정론(→182쪽)의 대표 예로 알려져 있습니다.

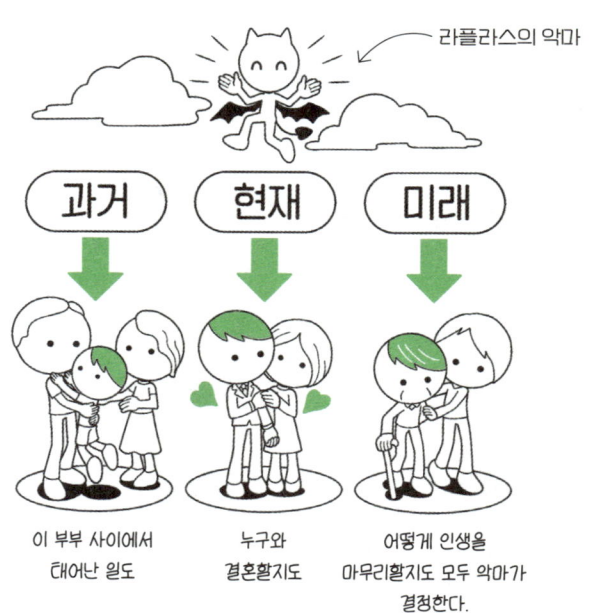

라플라스의 악마

과거 | 현재 | 미래

이 부부 사이에서
태어난 일도

누구와
결혼할지도

어떻게 인생을
마무리할지도 모두 악마가
결정한다.

나비 효과

제창자	에드워드 로렌즈
제창된 해	1972년
관련 용어	카오스 이론

FILE.
143

[브라질]

바람   나비   산들바람이네.

나비의 날갯짓과 같은 작은 기상 변화가 다른 지점에서는 큰 영향을 줄지도 모른다.

[미국]

도망쳐!   토네이도

기상학자인 로렌즈는 역학적 이론을 활용해 대기에서 일어나는 카오스 현상을 설명했습니다. 간단하게 말하면 지극히 작은 기상의 움직임으로도 다른 지점의 기후에 크게 영향을 줄지 모른다는 이론입니다. 1972년에 로렌즈가 했던 강연의 제목인 '예측 가능성-브라질에서 있었던 나비의 날갯짓은 텍사스에서 토네이도를 일으킬까'에서 인용해 나비 효과라는 이름으로 불립니다. 이 강연에서는 방정식은 확정적인 답을 주지만, 한편으로 나오는 답이 불확정적일 가능성을 지적합니다. 이는 카오스 이론을 현실 세계에 적용해 생각한 것으로 여러 영화나 애니메이션에서 활용되고 있습니다.

세계 5분 전 가설

제창자	버트런드 러셀
제창된 해	1921년
관련 용어	결정론

　영국의 러셀은 '세계가 5분 전에 생겼다는 이론에 대한 반론은 불가능하다'고 주장했습니다. 바로 세계 5분 전 가설입니다. 우리는 5분 이상 전의 일을 기억하므로 세계 5분 전 가설을 명백히 부정할 수 있지만, 그는 가짜 기억을 심어 놓은 상태로 5분 전에 세계가 시작했을 수도 있다고 주장했지요. 이 주장은 과거가 애당초 존재하는지 아닌지조차 모른다는 점을 내세웠습니다. 다른 시각에 일어난 두 가지 현상 사이에 모종의 관계가 있어야 한다는 결정론을 부정하는 견해라고 하겠습니다.

5분 전의
세계를…

과학자

가짜 기억으로 심어도…

거짓 기억

아무도 부정할 수 없다!

러셀

당신의 기억은 5분 전에 심어졌습니다.

세계가 5분 전에 생겼을 수도 있다는 의견을 부정할 수 없다. 말도 안 되는 이론이지만 사실 논리적으로 부정할 수도 없다.

신은 과연 주사위를 던졌을까?

아 인슈타인은 '신은 주사위를 던지지 않는다'라는 명언을 남겼습니다. 양자론에서 전개되는 확률론적 해석을 부정하며 했던 말입니다. 아인슈타인은 아직 발견되지 않은 미지의 변수가 있고, 그 영향으로 확률론적인 결과가 도출된다며 완고하게 양자론을 받아들이지 않았기 때문에 이런 명언이 탄생했습니다.

양자론을 정면으로 부정한 아인슈타인

고전 물리학 세계에는 완전히 같은 조건에서 완전히 같은 실험을 하면 답은 반드시 똑같아야 합니다. 그러나 20세기에 들어서 물리학자들이 다양한 실험을 해본 결과, 답이 같지 않은 현상이 있다는 사실을 깨달았습니다. 그리하여 덴마크의 닐스 보어를 중심으로 실험 결과는 100% 예측할 수 없는 대신 X%로 A라는 결과가 된다는 확률론으로 옮겨갔습니다. 이 이론에 따르면 지금 눈앞에 있는 물체는 관측하기 때문에 존재하며 관측한 시점에 처음으로 존재하는지 아닌지 확률적으로 결정됩니다.

보어(1885~1962)는 아인슈타인에게 "신이 주사위로 무엇을 하든 이래라 저래라 하지 마라."라고 반론하기도 했다.

아인슈타인은 이 생각에 강하게 반대했습니다. 신은 주사위를 던지지 않는다는 말과 함께 확률론 해석을 정면으로 반박했고 미지의 확정적인 무엇인가의 영향이 있다고 믿었습니다. 그러나 현대 물리학에서는 보어의 양자론이 우세합니다. 우리의 상식으로 생각하면 아인슈타인이 맞을 것 같은 느낌이 들지만 말입니다.

3장

여기까지 밝혔다! 우주의 신비

INTRODUCTION

 ### 우주를 아는 열쇠는 소립자와 중력

물리학의 시작점인 동시에 최종 목표는 우주를 해명하는 일입니다. 뉴턴이 만유인력을 발견한 이래, 우주를 해명하는 일은 인류에게 최대의 과제로 남아 있습니다.

우주 해명의 열쇠는 소립자와 중력이 쥐고 있습니다. 소립자는 매우 미시적이라 전체상이 명확하게 밝혀지지 않았습니다. 중력 또한 그 힘이 발생하는 원천이 알려지지 않아 메커니즘은 수수께끼에 묻혀 있습니다.

 ### 소립자는 하나의 끈이라고?

초끈 이론(→198쪽)은 최근 많은 물리학자가 매료되어 세계 각지에서 연구를 진행하는 분야입니다. 간단하게 말하면 소립자가 끈과 같은 상태라고 보는 이론입니다. 초끈 이론에 따르면 소립자는 하나의 끈입니다. 다른 모양으로 보이기도 하는 이유는 움직임에 차이가 있기 때문입니다. 이를 뒷받침하는 증거가 되는 연구도 발표되어, 초끈 이론은 물리학자 사이에서 인기를 얻고 있습니다.

반면에 우주에는 보이지 않는 변수가 숨어 있다고 주장했던 아인슈타인의 우주 상수(→205쪽)를 부활시키려는 움직임도 일어나고 있습니다.

소립자를 바꾸는 힉스 입자

이 세계의 전부가 소립자로 이루어져 있다고 생각하면 소립자의 비밀을 밝히는 일이 우주를 해명하는 힌트가 됩니다. 그중에서도 소립자의 질량 문제는 오랫동안 답을 찾을 수 없었습니다. 소립자 중에는 광자처럼 질량이 없는 입자와 위크 보손처럼 질량이 있는 입자가 있습니다. 질량 문제의 답은 영국의 힉스가 제창한 힉스 입자(→202쪽)였습니다. 오랫동안 힉스 입자의 존재를 확인하려는 노력이 계속되었고 2012년에 드디어 발견에 이르렀습니다. 힉스 입자가 실재한다는 사실이 알려지면서 우주가 어떻게 성립되어 왔는지 밝혀지고 있습니다.

고대하던 소립자와 중력의 이론적 융합

중력파는 아인슈타인의 상대성 이론에서 최근까지 최대 난제로 여겨지고 있었습니다. 오랫동안 중력파 관측을 위한 연구가 계속되었고, 2015년에 마침내 존재를 확인했습니다. 중력파의 발견으로 우주 탄생에 관한 초기 정보를 밝혀냈고 중력장에서 일어나는 물리 현상을 관찰하는 등, 우주의 비밀을 해명하는 데 한 걸음 더 다가갈 수 있었습니다. 우주의 비밀을 밝히려면 소립자와 중력의 비밀을 풀어야 하는데, 양쪽 모두 이론적으로 모순이 많아 먼저 이론적인 해결이 필요합니다.

POINT

▸우주의 탄생과 구조를 해명하려면 소립자와 중력이 꼭 필요하다.
▸소립자의 비밀에 다가간 초끈 이론과 힉스 입자.
▸중력파의 발견으로 중력의 메커니즘 해명이 계속된다.

초끈 이론

FILE.
145

제창자	난부 요이치로 등
제창된 해	1960년
관련 용어	양자 중력 이론

초(超)끈 이론(superstring theory)은 양자론 중에서도 현재 활발히 연구되는 이론입니다. 초끈 이론에서는 소립자를 점이 아니라 하나의 끈으로 생각합니다. 지금까지 소립자에는 다양한 종류가 있다고 했지만, 초끈 이론에 근거하면 한 종류밖에 없습니다. 지금까지 해온 실증이나 관측을 통해 각각의 소립자들은 저마다 다양한 성질이 있음을 알았는데, 이것도 초끈 이론에서는 끈은 한 종류지만, 진동 차이에 따라 다른 종류의 소립자로 보일 뿐이라고 합니다. 이 끈은 관측할 수 없을 정도로 작아서 증거는 아직 발견하지 못했습니다.

기타로 사용해도

기타를 치자♪

초끈 이론에서는 진동 유형의 차이로 다른 소립자로 보일 뿐이라고 본다.

채찍으로 사용해도

채찍으로 조련해야지!

신발 끈 묶어야겠네.

신발 끈으로 사용해도

모두 똑같은 하나의 끈!

초끈 이론이 성립하기 위해서는 아무리 적어도 9차원 이상의 시공이 필요합니다. 여기서 다시 차원에 대해 복습해 둡시다. 직선은 1차원, 평면은 2차원, 공간의 범위를 표현할 때는 3차원입니다. 상대성 이론에서는 시간을 더해 4차원으로 생각합니다. 초끈 이론은 일반적으로 우리가 볼 수 있는 '3차원의 공간과 1차원의 시간'이 아니라 '9차원의 공간과 1차원의 시간'을 가정하고 있고, 초끈 이론이 더욱 발전된 형태인 M-이론은 '10차원의 공간과 1차원의 시간'이라고 가정하고 있습니다. 그러면 3차원 이외의 공간은 어디에 있다는 걸까요? 답은 우리가 느낄 수 없을 정도로 작습니다. 이 개념을 초끈 이론에서는 콤팩트화라고 합니다. 또, 이렇게 숨어 있는 4차원 이외의 차원은 여분 차원이라고 합니다.

[초끈 이론에서의 차원]

보이지 않는 차원

보이지 않는 차원

오늘 방송 재미있네

우리가 인식하는 세계는 3차원이다. 그러나 아직 보이지 않는 차원이 숨어 있을지도 모른다.

초끈 이론은 우주의 시작을 설명하는 이론으로 큰 기대를 모으고 있습니다. 우주가 시작할 때 빅뱅이 일어났다고 하는데, 끈 상태의 소립자가 매우 좁은 공간에 고온, 고밀도로 존재합니다. 그곳에는 질량이 큰 물질이 있고 강한 중력이 발생하고 있습니다. 초끈 이론에서는 이런 상황에서 끈이 서로 어떤 영향을 주는지 계산할 수 있습니다. 실제로 미국의 브룩헤이븐 국립연구소에서는 초끈 이론에 의한 계산과 거의 일치하는 소립자 상태를 관측했습니다. 초끈 이론을 뒷받침하는 증거가 되리라 기대를 모으고 있습니다.

양자 중력 이론

FILE.
146

제창자	도모나가 신이치로, 리처드 필립스 파인먼
제창된 해	20세기~현재
관련 용어	상대성 이론, 양자 역학

  슈뢰딩거와 여러 과학자가 확립한 양자 역학과 아인슈타인이 제창한 상대성 이론은 각종 실증 실험과 관측을 통해 이론적으로는 모두 타당하다고 여겨지지만, 사실 모순도 적지 않습니다. 양자 역학에서 미시 세계는 확률론으로 성립하므로, 엄밀히 말하면 소립자의 물리량은 무한대가 됩니다. 전자기력의 개념에 양자 역학적인 사고를 접목하기 위해 미리 무한대의 양을 방정식에 넣고, 계산으로 나오는 물리량을 유한하게 파악하는 재규격화라는 방법이 나왔습니다. 일본의 도모나가 신이치로가 제창했고 지금까지도 활용되고 있습니다.

일본의 도모나가 신이치로가 생각한 재규격화를 이용해
무한대의 양도 계산할 수 있게 되었다.

그러나 이 재규격화로도 계산할 수 없는 힘이 있습니다. 바로 중력입니다. 상대성 이론에서는 중력의 정체는 공간의 흔들림이라고 설명합니다. 질량이 클수록 물체의 주위에 생기는 중력이 큽니다. 반면 양자 역학에서는 힘을 생성하는 소립자가 항상 흔들리고 있어 확률론적으로만 존재합니다. 이 미시 세계에서 중력을 계산하면 무한대가 나와 버립니다. 많은 물리학자가 시도했지만 상대성 이론과 양자 역학의 융합은 아직 성공하지 못했습니다. 이처럼 어떻게 해서든 소립자의 세계에 중력의 작용을 넣어 계산하려고 하는 시도를 양자 중력 이론이라고 합니다. 이 이론이 완성되면 우주에서 일어나는 현상 전부를 설명할 수 있다고도 합니다. 예를 들어볼까요. 사과는 미시적 시점에서는 소립자로 이루어져 있습니다. 그리고 사과가 나무에서 떨어지는 현상은 시간과 공간의 흔들림에 따른 중력에 의해 생깁니다. 이렇게 우주도 포함해 우리의 주변에서 일어나는 모든 현상은 소립자의 움직임과 중력의 성질로 성립됩니다.

[시간과 공간을 만드는 소립자]

시간과 공간을 만드는 소립자와 사과를 만드는 소립자는 같을지도 모른다.

[사과를 만드는 소립자]

우리가 시간과 같다고?

양자 중력 이론은 많은 과학자가 연구하는 중이며 실제로 독자적인 이론도 나왔습니다. 그중 하나가 루프 양자 중력 이론입니다. 이 이론에서는 시간이나 공간에는 더는 쪼갤 수 없는 최소 단위가 있다고 합니다. 즉, 시간과 공간에도 소립자가 존재한다는 말입니다. 너무 이상하게 들리는 이론이지만, 실증된다면 우주의 원리를 해명할 가능성도 있습니다.

힉스 입자

제창자	= 피터 힉스
제창된 해	= 1964년
관련 용어	= 소립자, 광자

FILE.
147

[소립자와 힉스 입자의 관계]

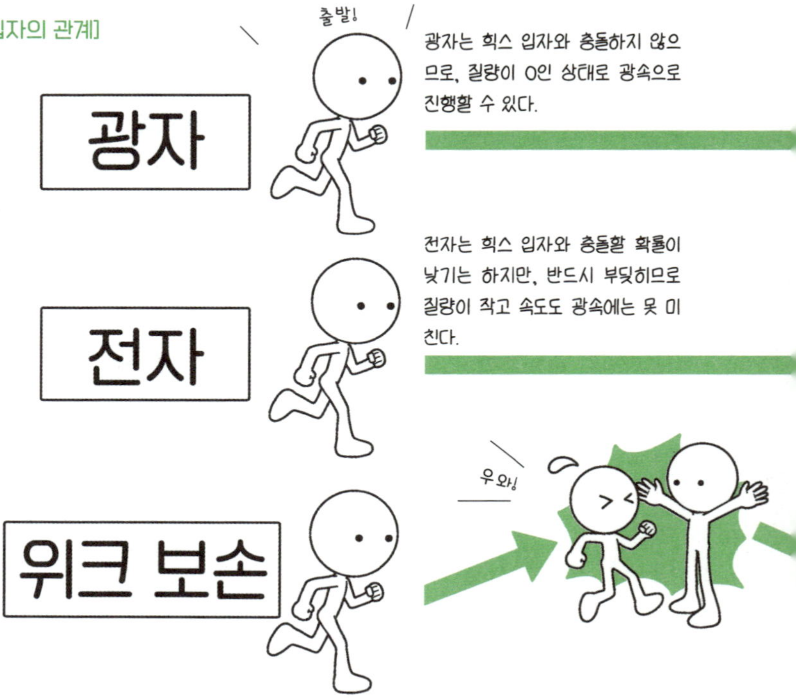

출발!

광자

광자는 힉스 입자와 충돌하지 않으므로, 질량이 0인 상태로 광속으로 진행할 수 있다.

전자

전자는 힉스 입자와 충돌할 확률이 낮기는 하지만, 반드시 부딪히므로 질량이 작고 속도도 광속에는 못 미친다.

우와!

위크 보손

힉스 입자는 소립자 중에서 아직도 많은 수수께끼에 싸여 있는 입자입니다. 물질 내부뿐만 아니라 공기 중이나 우주 공간 등 우리 주변의 모든 공간에 가득 차 있다고 여겨집니다. 힉스 입자는 중성 미자나 위크 보손과는 다른 종류로 분류됩니다. 원래 소립자는 질량 없이 탄생하지만, 힉스 입자는 다른 소립자와 부딪혀 질량을 생성하는 작용을 하기 때문입니다.

소립자의 종류에 따라 힉스 입자와 부딪히는 빈도가 다릅니다. 힉스 입자와 부딪히지 않는 광자는 질량이 0인 상태로 가장 빠르게 날아갑니다. 반면 전자는 힉스 입자와 여러 차례 충돌하기 때문에 질량을 갖게 되고 빛보다 빠르게 이동할 수 없습니다. 마지막으로 위크 보손은 공간에 가득한 힉스 입자와 빈번히 충돌합니다. 그러므로 이동 속도가 매우 느려집니다. 힉스 입자라는 존재를 인정함으로써 소립자에 질량이 있는 것과 없는 것의 차이를 설명할 수 있게 되었고, 이는 우주의 관측과 소립자의 연구에 커다란 진전을 가져왔습니다.

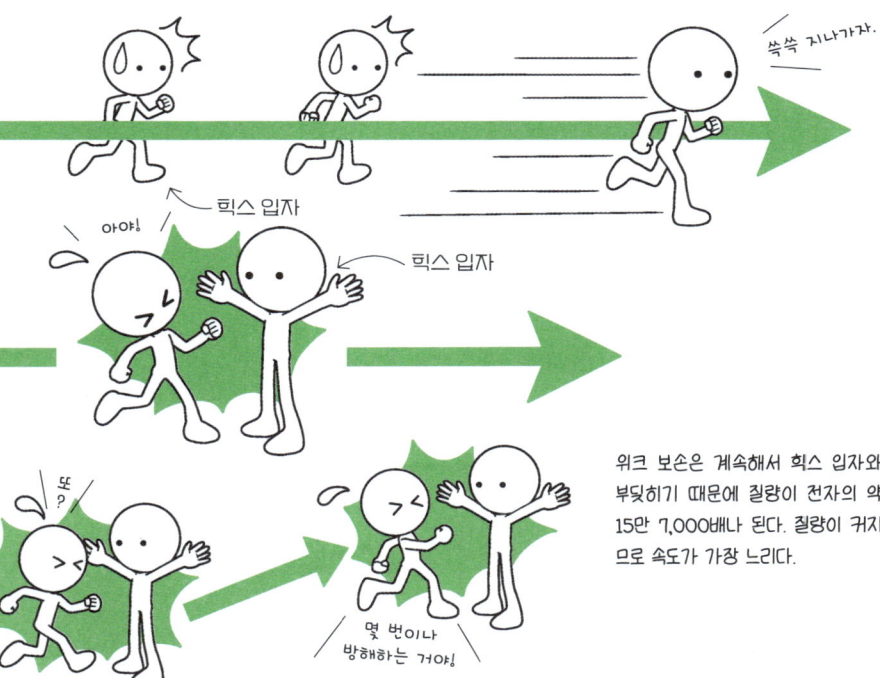

쑥쑥 지나가자.

아야! 힉스 입자

힉스 입자

또?

몇 번이나 방해하는 거야!

위크 보손은 계속해서 힉스 입자와 부딪히기 때문에 질량이 전자의 약 15만 7,000배나 된다. 질량이 커지므로 속도가 가장 느리다.

힉스 입자는 오랫동안 이론상의 존재로만 거론되었습니다. 힉스가 주장했던 당시에는 소립자를 실제로 관측하는 기술이 없었기 때문입니다. 처음으로 그 존재가 증명되었던 때는 2012년입니다. 유럽 입자 물리 연구소(CERN)에서 LHC라는 거대 가속기를 사용해 전자를 빛에 가까운 속도로 날려 충돌시켜서 힉스 입자를 관측하는 데 성공했지요. 힉스의 이론이 나온 후 약 반세기가 지나서 이룬 쾌거였습니다. 이 발견으로 힉스는 2013년에 노벨 물리학상을 받았습니다.

파인먼 다이어그램

제창자	리처드 필립스 파인먼
제창된 해	1960년대
관련 용어	상대성 이론, 양자 역학, 전자기학, 양자 중력 이론

FILE.
148

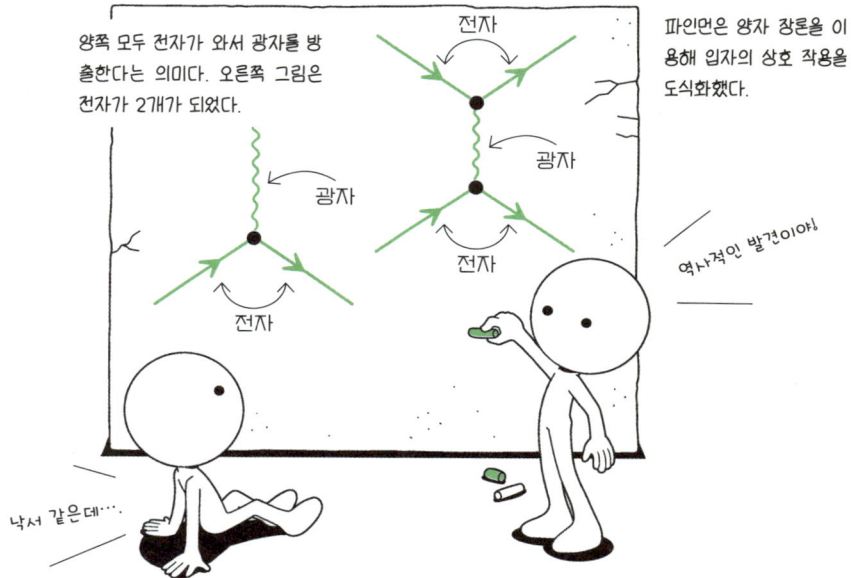

양쪽 모두 전자가 와서 광자를 방출한다는 의미다. 오른쪽 그림은 전자가 2개가 되었다.

전자

광자

전자

파인먼은 양자 장론을 이용해 입자의 상호 작용을 도식화했다.

전자

광자

전자

역사적인 발견이야!

낙서 같은데…

　미국의 이론물리학자 파인먼은 양자 역학과 전자기학을 융합해 해석한 양자 전자기 역학의 위인입니다. 파인먼은 입자가 어떻게 생성되고, 어떻게 소멸하는지 양자 장론이라는 개념을 이용해 설명했습니다. 그리고 실제 입자의 반응 과정을 표현하기 위해 파인먼 다이어그램이라는 도표를 만들었습니다. 파인먼 다이어그램은 전자와 양성자, 광자와 같은 입자의 상호 작용을 표시하고 독자적인 규칙을 이용해 계산하도록 했습니다. 그 결과로 고전 역학의 계산식으로는 설명할 수 없었던 입자의 붕괴 등을 도식화하는 데 성공했고, 나중에 양자 역학 이론 등에도 큰 영향을 주었습니다.

우주 상수

제창자	알베르트 아인슈타인
제창된 해	1917년
관련 용어	상대성 이론, 우주 팽창

FILE.
149

아인슈타인은 '정적 우주'를 받아들이고 있었지만, 정적 우주가 자신이 발표한 상대성 이론의 방정식과 모순된다는 사실을 깨달았습니다. 그래서 중력 효과를 상쇄하기 위해 방정식에 우주 상수를 넣었습니다. 시간이 지난 뒤, 미국의 허블이 우주가 팽창한다는 사실을 관측으로 밝혀냈습니다. 이 때문에 아인슈타인은 스스로 설정한 우주 상수를 부정했습니다. 그러나 우주 팽창 속도가 빨라진다는 사실을 깨달으면서 중력 효과를 상쇄할 어떤 힘이 있다고 판단하여 우주 상수는 다시 부활했습니다.

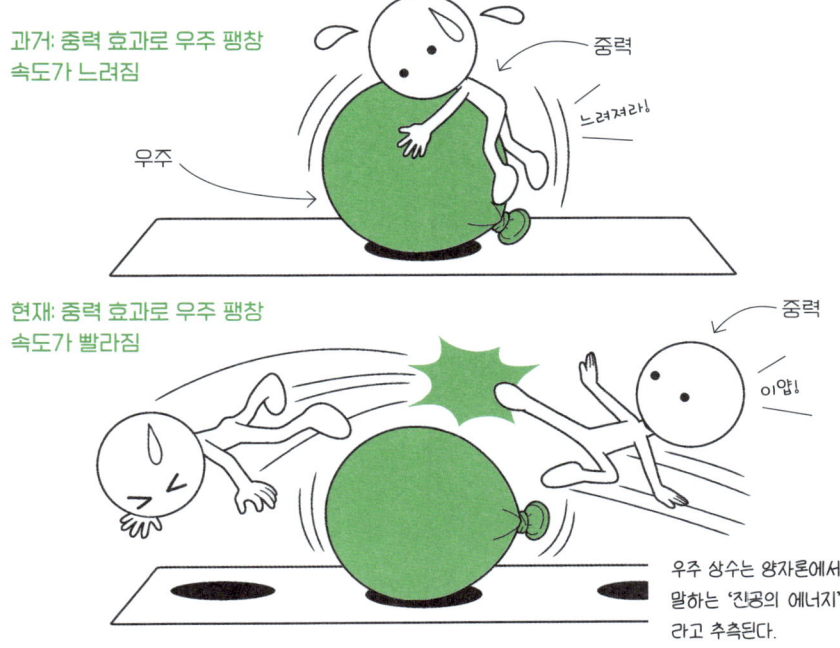

과거: 중력 효과로 우주 팽창 속도가 느려짐

중력

느려져라!

우주

현재: 중력 효과로 우주 팽창 속도가 빨라짐

중력

이얍!

우주 상수는 양자론에서 말하는 '진공의 에너지'라고 추측된다.

로슈 한계

FILE.
150

제창자	에두아르 로슈
제창된 해	1848년
관련 용어	상대성 이론, 우주 팽창

1994년, 목성에 혜성이 낙하하는 일이 일어났습니다. 그런데 놀랍게도 100년 이상 전에 프랑스의 로슈가 이 현상이 일어난다고 예언했습니다. 로슈는 행성이나 위성이 파괴되지 않고 그 주성(행성에 대한 항성)에 가까워지는 거리에는 한계가 있다는 점을 지적했습니다. 이것을 로슈 한계라고 합니다. 그런데 이 현상에는 조석력이라는 힘이 관련되어 있습니다. 쉽게 말하면 큰 별과 작은 별 사이의 중력 관계입니다. 예를 들면 달에서 지구에 가까운 면에는 지구로부터 강한 중력이 작용하지만, 지구에서 보이지 않는 이면의 중력은 약합니다. 이 중력 차가 만들어내는 조석력에 의해 위성이 파괴되는 일도 생깁니다.

행성에 위성이 너무 가까워지면 파괴된다는 한계의 거리. 지구의 로슈 한계는 약 1만 9,000km이다. 지구와 달의 거리는 약 38만km이다.

페르미 역설

FILE.
151

제창자	엔리코 페르미
제창된 해	1950년
관련 용어	외계 생명체, 드레이크 방정식

외계인

여기야!

우주 공간

외계 생명체가 있을 가능성은 매우 큰데 지구인이 한 번도 외계 생명체와 조우하지 않았다는 사실은 역설적이라고 보았다.

나도 있어!

야호!

어디 있는 거야?

지구

외계 생명체, 즉 외계인이 있는지에 관한 질문은 물리학자에게 흥미가 떨어지지 않는 주제입니다. 양자 역학과 원자 물리학 분야에서 큰 공적을 남긴 이탈리아의 물리학자 페르미는 문득 왜 외계인이 발견되지 않는지 진지하게 고민하기 시 작했습니다. 우주는 약 138억 년 전부터 존재했고, 행성의 수도 방대합니다. 평범하게 생각하면 외계에도 문명이 존재할 가능성은 매우 큽니다. 그런데도 지적 생명체와 접촉이 전혀 없다는 사실은 역설적이라고 생각한 페르미가 문제를 제기했고 이 문제를 페르미 역설이라고 불렀습니다. 이 생각은 나중에 드레이크 방정식으로 이어졌습니다.

드레이크 방정식

제창자	프랭크 드레이크
제창된 해	1961년
관련 용어	외계 생명체, 페르미 역설

FILE. 152

외계 생명체를 찾는 연구는 1960년대부터 현재까지 계속되지만, 약 반세기가 넘은 지금도 외계 생명체는 발견되지 않았습니다. 페르미 역설의 상태가 계속되고 있지요. 그래서 어느 정도의 우주 문명이 있는지 추정하는 방정식을 미국의 드레이크가 만들었습니다. 바로 드레이크 방정식이죠. 이 식은 우리가 사는 은하수에 전파로 지구와 교신할 수 있는 문명이 얼마나 있을지 계산합니다. 방정식이라고 말하지만, 그림에 있는 일곱 항목을 곱셈으로 산정해 보려는 시도입니다.

은하수 안에 있는 문명의 수

항성이 행성을 하나 이상 가지는 비율

$$N = R^* \times f_p \times n_e$$

은하수에서 1년에 태어나는 별의 수

행성에서 언어나 도구를 사용하는 지적 생명체가 태어날 확률

그러면, 이 일곱 항목에 해당하는 수치는 얼마나 될까요? 드레이크는 10$_{(R^*)}$×0.5$_{(fp)}$ ×2$_{(ne)}$×1$_{(fl)}$×0.01$_{(fi)}$×0.01$_{(fc)}$×10000$_{(L)}$이라고 생각했습니다. 여기서 도출한 우주 문명의 수는 10입니다. 물론 이 수치가 우리와 교신할 수 있는 우주 문명의 수라고 간단하게 결론 내릴 수는 없습니다. 원래 드레이크 방정식을 생각했던 당시에는 각 값을 대충 상정했기 때문에 과학적인 의미가 없다는 비판도 받았다고 합니다. 다만 이 식이 타당한지를 떠나서 외계 생명체가 있을 가능성을 측정해 보려는 재미있는 시도였음은 분명합니다. 최근에는 그 당시에 발견되지 않았던 태양계 밖의 외계 행성도 발견되었습니다. 드레이크 방정식에서 표시한 항목을 각 분야에서 계속 연구하면 외계 생명체의 존재를 생각하는 논의를 더 심화할 수 있겠지요. 참고로 이 식을 응용해 이상형과 만날 가능성을 계산해 보면 10억분의 34가 된다고 합니다.

행성에 생명체가 탄생할 확률

하나의 행성계에 생명에 적합한 환경이 있는 행성

드레이크 방정식은 지적 생명체나 문명이 우주에 얼마나 존재하는지를 추측한다. 다만 지적 생명체가 탄생할 확률 등은 대략 추정되었다.

지적 생명체가 전파 통신 기술을 가질 확률

전파 통신 기술이 있는 문명이 지속되는 시간

골디락스존

FILE.
153

제창자	할로 섀플리 등
제창된 해	20세기
관련 용어	외계 생명체, 항성, 행성

　현재의 기술력을 활용하면 외계 생명체가 존재할 가능성을 탐구할 수 있습니다. 키워드는 골디락스존입니다. '생명 가능 지대'라고도 하며 생명체가 살아갈 조건을 충족하는 항성과 행성의 거리를 말합니다.

[골디락스존을 태양계에서 나타내면]

태양

수성

금성

지구

태양에 너무 가까워
물이 증발함

물이 액체로 존재할 수 있는
거리와 궤도

골디락스존이 되는 가장 중요한 조건은 물의 존재입니다. 행성이 태양에 너무 가까우면 태양에서 받는 에너지가 강해 물이 모두 증발해 버립니다. 가까운 예로 말하면 금성이 이 상태입니다. 반대로 태양에서 너무 멀면 태양에서 받는 에너지가 적어 물이 항상 얼어 있습니다. 그래서 생명이 존재할 가능성이 무한히 낮습니다. 태양계에서 골디락스존에 있는 천체는 지구뿐입니다. 그러면 드레이크 방정식처럼 태양계 밖의 은하수까지 넓혀 생각해 보면 어떨까요? 옛날 기술력으로는 태양계 밖의 항성을 지구에서 관측하기가 어려웠습니다. 그래서 인공위성이 큰 역할을 했지요. 예를 들어 미국항공우주국(NASA)이 2009년에 쏘아 올린 케플러 위성은 골디락스존에 있는 행성을 찾는 망원경을 탑재했습니다. 이 관측 결과에 따르면 지구와 비슷한 골디락스존에 있는 행성은 이미 발견되었습니다.

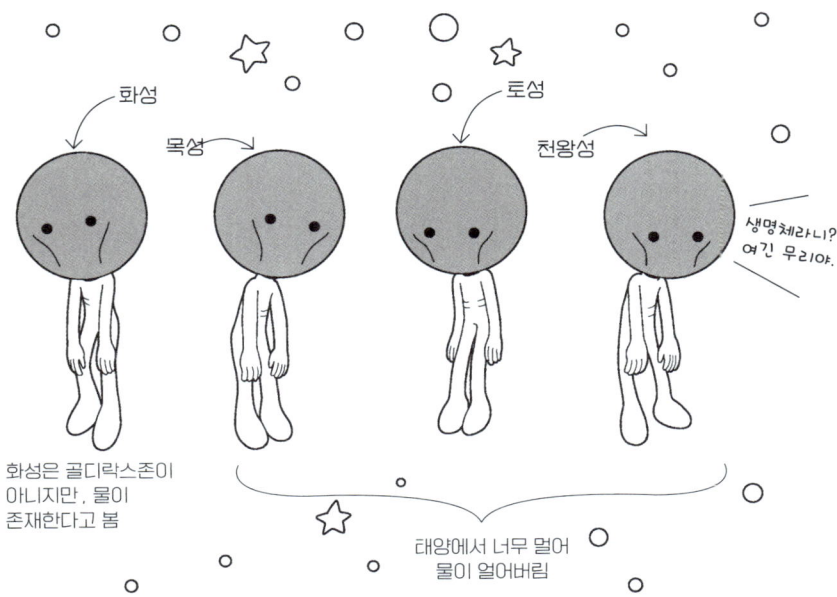

화성

목성

토성

천왕성

생명체라니? 여긴 무리야.

화성은 골디락스존이 아니지만, 물이 존재한다고 봄

태양에서 너무 멀어 물이 얼어버림

테라포밍

제창자	크리스토퍼 매케이
제창된 해	20세기
관련 용어	화성

[화성의 개조안]

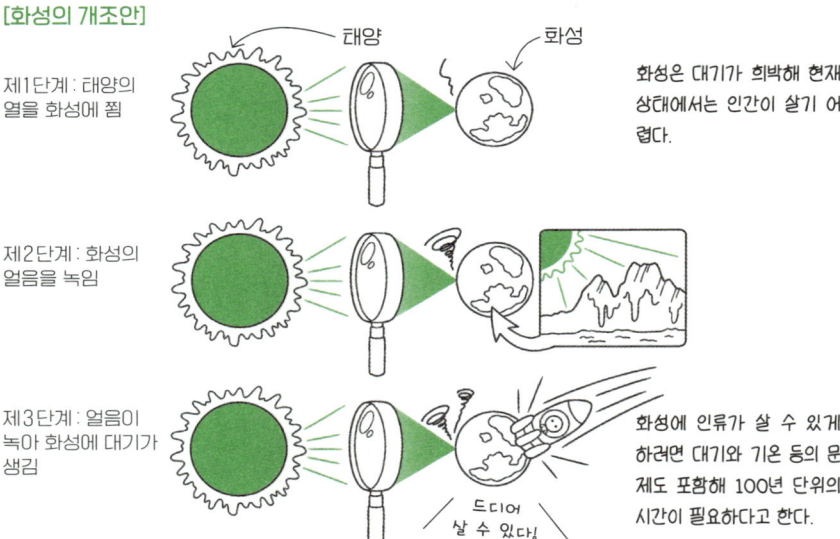

제1단계 : 태양의 열을 화성에 쬠

태양   화성

화성은 대기가 희박해 현재 상태에서는 인간이 살기 어렵다.

제2단계 : 화성의 얼음을 녹임

제3단계 : 얼음이 녹아 화성에 대기가 생김

드디어 살 수 있다!

화성에 인류가 살 수 있게 하려면 대기와 기온 등의 문제도 포함해 100년 단위의 시간이 필요하다고 한다.

테라포밍이란, 행성을 지구처럼 인류가 살 수 있는 별로 바꾸는 계획을 말합니다. 현재 테라포밍 대상으로 주목받는 곳은 화성입니다. 화성을 선택한 이유는 자전 주기가 지구와 거의 비슷하고, 물(얼음 포함)이 있기 때문입니다. 화성을 개조하기 위한 구체안은 이미 몇 가지가 나왔는데, 문제는 대기입니다. 화성에도 대기가 있기는 하지만, 지구와 비교해 매우 희박하고 인류가 살기는 어려운 수준입니다. 그래서 화성의 극(지구로 말하면 북극과 남극) 지역에 있는 얼음을 녹여 대기 중에 수증기와 이산화탄소를 늘리는 방법을 검토하고 있습니다. 얼음을 녹이는 방법으로는 태양열을 이용하거나 폭탄을 떨어뜨리는 방법 등이 거론됩니다.

중력파

| 제창자 |= 알베르트 아인슈타인
| 제창된 해 |= 1916년
| 관련 용어 |= 일반 상대성 이론

일반 상대성 이론에 따르면 질량이 있는 물체가 존재하면 그만큼 시공에 흔들림이 생긴다고 합니다. 그리고 그 흔들림이 광속으로 전달되는 것을 중력파라고 합니다. 중력파는 전자기파와 같은 파동 현상입니다. 중력의 원인이 되는 질량 있는 물체가 운동(천체의 폭발 등)하여 발생하는 파동입니다. 원래 아인슈타인의 예측에서 도출되었으므로 그 정체에 관한 논쟁이 끊이지 않았습니다. 그러나 2015년에서 2016년에 걸쳐 미국의 거대 관측 장치 LIGO를 이용해 처음으로 중력파를 관측하는 데 성공했습니다. 이 중력파는 블랙홀끼리 충돌해 생겼다고 보고 있습니다.

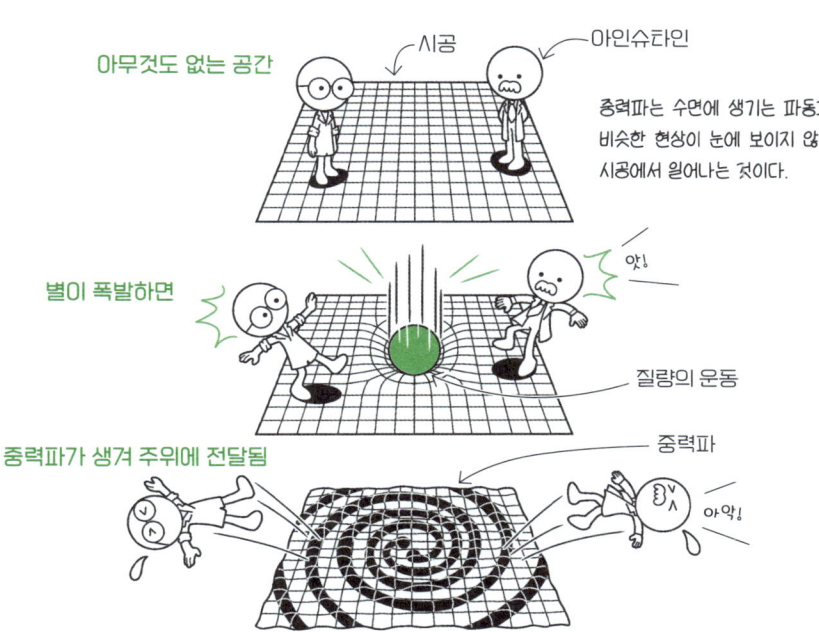

아무것도 없는 공간 　시공 　아인슈타인

중력파는 수면에 생기는 파동과 비슷한 현상이 눈에 보이지 않는 시공에서 일어나는 것이다.

별이 폭발하면 　 앗!

질량의 운동

중력파가 생겨 주위에 전달됨 　중력파 　 아악!

중력파보다 더 작은 배경 중력파를 관측하다!

2015년, 미국의 한 관측 팀이 아인슈타인이 주장한 중력파를 처음으로 관측해 큰 화제를 불러왔습니다. 그로부터 8년 뒤인 2023년에는 더 작은 중력파인 '배경 중력파'를 관측해 천문학자들을 놀라게 했습니다. 그 의의에 관해 이야기해 보겠습니다.

우주 탄생의 비밀을 푸는 열쇠가 될까?

2015년에 관측한 중력파는 13억 광년 거리만큼 멀리 떨어져 있는 곳에서 충돌한 두 블랙홀에서 방출했으며, 파장이 짧고 주파수가 높습니다. 반면 2023년에 관측한 배경 중력파는 우주 공간을 채우며 파장이 길고 주파수가 낮습니다.

관측에는 매우 정확한 주기로 전파를 발생하는 '펄서'라는 천체가 이용되었습니다. 펄서란 불확실하게 채워진 우주 공간 속에서 상당히 정확한 시계 같은 것입니다. 이 펄서에 지금까지 계측했던 것이 아닌 초대질량의 블랙홀이 작은 변화를 불러왔습니다. 이 충돌로 발생한 배경 중력파는 중력 그 자체의 성질을 이해하기 위한 힌트가 될지도 모른다고 기대를 모았습니다.

중력은 소립자의 네 힘 중 하나지만, 아직 실체가 잘 알려지지 않았습니다. 만약 배경 중력파의 발견에서 중력을 결정하는 소립자가 발견되었다면 우주 탄생의 신비를 푸는 열쇠가 될 것입니다.

스타보 효과

FILE. 156

제창자	알베르트 아인슈타인 등
제창된 해	20세기
관련 용어	특수 상대성 이론, 광속, 도플러 효과

　우주선에서 보는 경치는 어떨까요? 우주선의 속도가 광속보다 충분히 느릴 때는 우리가 지구 위에서 보는 경치와 다르지 않습니다. 우주선의 속도가 광속에 가까우면 어떨까요? 우주선의 속도가 빨라질수록 처음에 우주선의 옆과 뒤 방향에 보였던 별까지 앞쪽에서 보이는 광행차 현상이 생깁니다. 비가 내릴 때 차에 타면 비가 앞쪽에서 비스듬히 내려 창문에 떨어지는 현상과 비슷합니다. 광속의 90% 속도인 우주선에서는 우주의 앞쪽 반이 전방의 지름 약 50도의 범위에 집중하여 보인다고 합니다.

평범한 속도라면 별도 평범하게 보임

별

우주선

애니메이션이나 영화에서 우주선의 높은 속도를 표현할 때 모든 풍경이 전방에 집중된다. 광속에 가까운 우주선에서는 이와 비슷한 현상이 일어난다.

광속에 가까운 속도가 되면

풍경이 앞에 집중되어 보임

스타보 효과

천재 물리학자들의 웃픈 뒷이야기

물 리학은 수많은 위인의 힘으로 이루어진 학문입니다. 뉴턴이나 아인슈타인을 비롯해 노벨상을 제정한 알프레드 노벨이나 송전 기술을 확립한 니콜라 테슬라 등, 천재들의 두뇌가 쌓아 올린 성과라고 해도 과언이 아닙니다. 그러나 아무리 천재라고 해도 인간입니다. 천재들의 소소하고 재미있는 에피소드를 소개합니다.

뉴턴은 화를 잘 냈다!

고전 물리학의 기초를 구축한 뉴턴은 모든 현대 과학의 토대를 만든 사람이라고 해도 과언이 아닙니다. 뉴턴의 역학적 해석은 다양한 분야에 응용되며, 운동 방정식은 현대 문명을 구축하는 데 빼놓을 수 없는 학문입니다. 타고난 천재였지만, 사실 무척 화를 잘 냈고 권력에는 유달리 예민했다고 합니다. 대형 망원경 개발 과정에서 로버트 훅과 경쟁하던 뉴턴은 먼저 발명한 사람이 누구인지 따지는 과정에서 큰 다툼을 벌였습니다. 미적분에 대해서도 고트프리트 라이프니츠와 대립했죠. 어쨌든 누가 먼저 개발했는지에 유난히 민감했습니다.

나중에 왕립학회의 회장 자리에 오르자, 뉴턴은 훅의 연구와 실적을 모두 불태워 버리라고 지시했다고 합니다. 참고로 이렇게 화를 잘 내는 이유는 뉴턴이 빠져 있던 연금술 연구에서 수은을 너무 많이 섭취했기 때문이 아닐까 합니다.

전쟁이 너무 싫어서 나온 대량 학살 병기

전류 전쟁(→86쪽)에서 에디슨과 열띤 다툼을 벌였던 테슬라는 270개가 넘는 특허를 가진 발명가이기도 했습니다. 다만 그중에는 어처구니가 없다고 할 만한 발명도 있습니다. 예를 들어 수은의 동위 원소를 음속의 48배로 가속한 '죽음의 광선'입니다.

원래 군대를 날릴 목적으로 연구 개발했기 때문에 테슬라 자신은 '평화의 광선'이라고 불렀다고 합니다. 그러나 너무 황당한 무기였기 때문에 모든 선진국에 외면당했습니다.

그 밖에도 해상에서 군대를 배제하기 위해 리모컨으로 조정하는 함선을 개발하거나 '텔레오토마톤'이라는 인공 해일을 일으키는 병기를 발명하려고 했습니다. 모두 실용화에는 이르지 못했지만, 테슬라가 전쟁과 군대를 정말 싫어했다는 사실은 알 수 있습니다.

일론 머스크는 악덕 기업주?

세계적인 기업가 일론 머스크는 테슬라를 동경해 학창 시절에 물리학을 공부했습니다. 어릴 때부터 책을 좋아해 가리지 않고 많은 책을 읽었고, 컴퓨터나 비디오 게임에 큰 관심을 보였다고 합니다. 대학 시절에는 인터넷과 지속 가능한 에너지 등에도 관심을 가져 대학원을 이틀 만에 중퇴하고 기업가로 진출했으며 지금은 세계적인 부자가 되었습니다.

자기장의 단위인 테슬라(T)는 니콜라 테슬라(1856~1943)의 이름에서 따온 것이다.

현대 사회에 중요한 역할을 한 위대한 인물이지만 그의 사고방식은 받아들이기 어려운 부분도 있습니다. 예를 들면 노동 시간에 관한 문제가 있지요. 일론 머스크는 주 80시간 이상 일한다고 알려졌는데, 그런 업무 강도를 직원에게도 요구하기 때문에 문제가 되었습니다.

구 트위터를 매수했을 때도 기존의 사원에게 장시간 노동을 받아들이든지 퇴직하라고 강요했다고 합니다. 현대의 흐름에 역행하는 나쁜 행동이 아닐 수 없습니다.

이 발언이 파문을 부르기는 했지만, 원래 "나는 하고 싶은 말은 한다. 그 결과로 손해를 본다 해도 상관없다."라고 말하며 끝까지 자기 길을 가는 유형입니다.

4장

물리학이 낳은 첨단 기술

양자 역학은 의외로 친근한 기술

지금까지 설명했던 양자 역학과 같은 이론은 신기하기도 하지만, 사실 우리 주변에서 활용되는 모습도 흔히 보입니다. 평소에 사용하는 컴퓨터나 스마트폰 내부에 사용되는 반도체(→220쪽)는 물리학의 밴드 이론(→221쪽)이나 구멍 이론(→222쪽) 등을 응용해 만들어졌습니다. 간단하게 말하면 전자가 어떻게 움직이는지 검증한 이론으로 반도체에 전기가 흐르게 하는 작용을 만드는 데 활용합니다.

물리 이론을 응용한 LED

현재 많은 가정에서 LED 조명을 쓰고 있습니다. 일반 전구보다 오래 간다는 정도의 인식밖에 없지만, 사실 물리학적으로는 큰 진보이기도 합니다. LED(→224쪽)가 흰색으로 발광하는 이유는 빨강, 초록, 파랑인 빛의 삼원색을 균등하게 발광시키기 때문입니다. LED의 발광 다이오드 중 청색의 발광 다이오드는 실용화가 무척 어려웠습니다. 하지만 일본 물리학자들이 개발에 성공했습니다. 정보 처리와 의료, 농업 분야에서도 활용되며, 세계에 기술 혁신을 가지고 왔습니다.

개발이 진행되고 있는 양자 컴퓨터

그리고 현재는 양자 컴퓨터가 무척 주목을 모으고 있습니다. 일반·적인 컴퓨터는 1+1 = 2라는 계산에 능하지만, 양자 컴퓨터는 항상 0과 1이 중첩된 상태에서 계산을 잘합니다. 곧, 양자론의 확률론적인 계산을 할 수 있다는 말입니다. 이 기술이 발전하면 어느 쪽이 더 확률적으로 우수할까 같은 선택을 최적화할 수도 있습니다. 그러므로 보통 계산에서는 풀 수 없는 인체의 메커니즘 해명까지 가능해집니다. 양자 컴퓨터를 이용한 인공 지능이 탄생하면 한층 더 고도의 판단이 가능해집ㄴ 다.

미래의 트렌드는 '불확실'한 이론

이렇게 물리학은 실재하는 기술에도 활용됩니다. 연구 개발이 진행되는 기술의 많은 분야에 양자 역학의 이론이 응용되고 있어, 가까운 미래에 세계를 바꿀지도 모릅니다.

물리학을 포함한 과학 분야는 절대적인 것을 다룬다고 생각되어 증거로 취급되는 경우도 적지 않습니다. 그러나 사실 그런 학문의 원천이기도 한 물리학의 최첨단에서는 모든 것이 뒤집힐 수 있다는 점을 증명하고 있습니다. 우리는 앞으로 이렇게 불확실하고 거꾸로 된 세계를 이해해야 합니다.

POINT

▸반도체나 LED는 물리학 덕분에 사용할 수 있다.
▸양자론은 모든 기술을 진보하게 하는 가능성을 가진다.
▸세계가 불확실하고 기존 상식이 뒤집힐 수 있다는 점을 이해하자.

반도체

제창자	존 바딘, 월터 브래튼
제창된 해	1948년
관련 용어	도체, 절연체, 트랜지스터

반도체는 원래 전기가 통하는 도체와 전기가 통하지 않는 절연체의 사이에 있는 성질을 가진 물질을 가리킵니다. 구체적으로는 규소나 게르마늄이 있습니다. 최근에는 주로 컴퓨터 등에 이용하는 집적회로를 반도체라고 하는데, 그 이유는 반도체의 성질을 가진 물질을 재료로 하기 때문입니다. 기원을 따라가 보면 라디오에 다다릅니다. 미국의 물리학자 바딘과 브래튼이 트랜지스터라는 집적회로를 개발했지요. 그때까지 라디오는 진공관을 사용했으나 1955년에 소니가 트랜지스터를 이용한 라디오를 만들어 한결 더 소형화, 경량화에 성공했습니다.

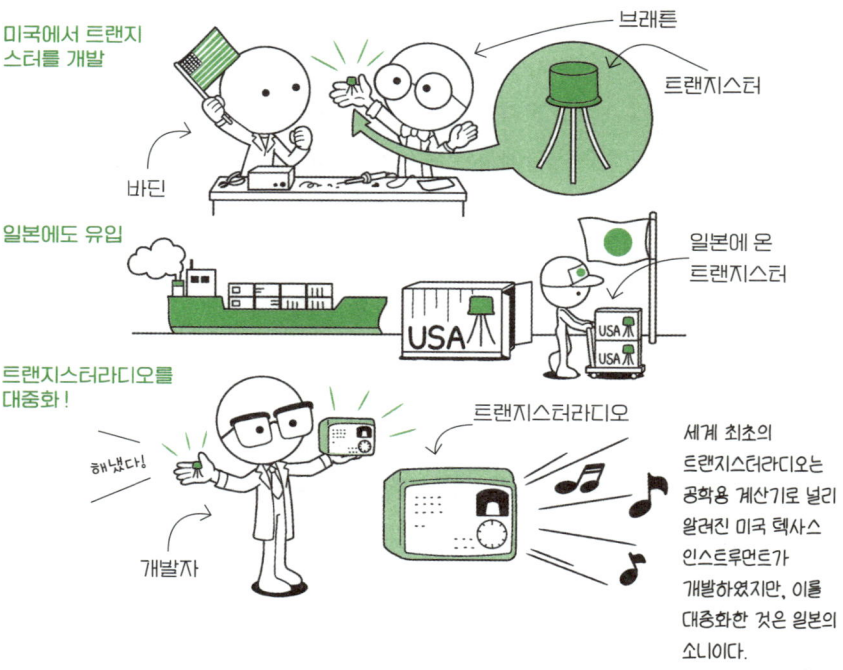

미국에서 트랜지스터를 개발

브래튼

트랜지스터

바딘

일본에도 유입

일본에 온 트랜지스터

USA

트랜지스터라디오를 대중화!

해냈다!

트랜지스터라디오

개발자

세계 최초의 트랜지스터라디오는 공학용 계산기로 널리 알려진 미국 텍사스 인스트루먼트가 개발하였지만, 이를 대중화한 것은 일본의 소니이다.

밴드 이론

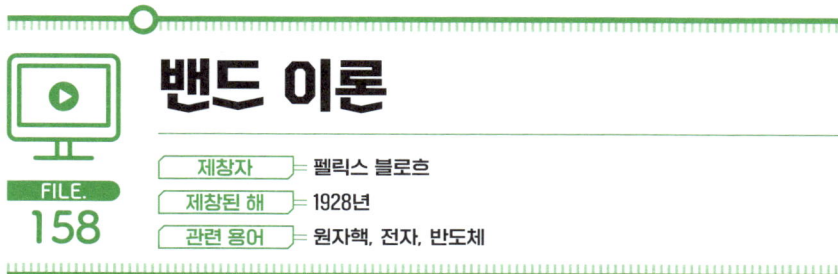

제창자	= 펠릭스 블로흐
제창된 해	= 1928년
관련 용어	= 원자핵, 전자, 반도체

FILE.
158

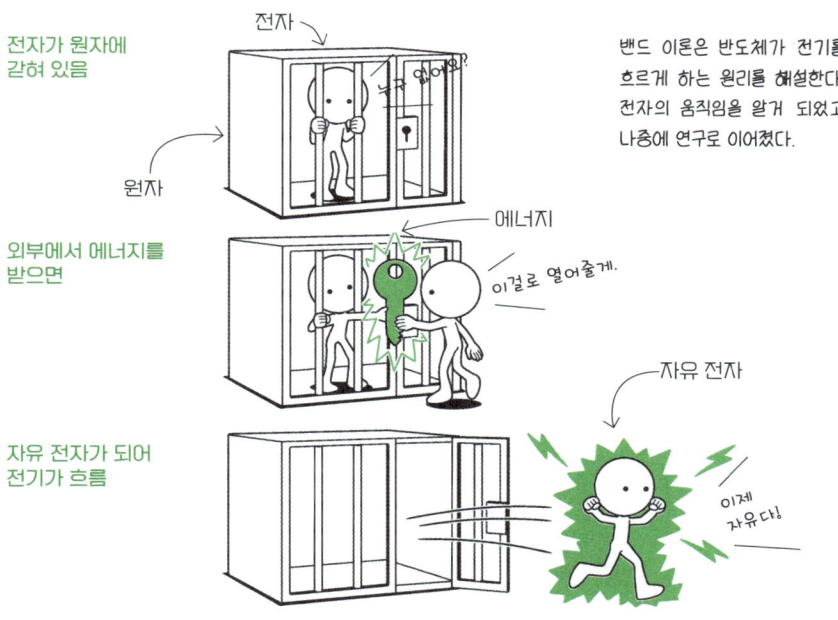

전자

전자가 원자에 갇혀 있음

원자

외부에서 에너지를 받으면

에너지

이걸로 열어줄게.

자유 전자

자유 전자가 되어 전기가 흐름

이제 자유다!

밴드 이론은 반도체가 전기를 흐르게 하는 원리를 해설한다. 전자의 움직임을 알게 되었고 나중에 연구로 이어졌다.

물질 내부를 돌아다니는 전자는 특정 에너지대에 존재한다는 이론입니다. 원자핵 주위에 있는 전자의 궤도는 전자 궤도라고 하며, 전자가 가지는 에너지의 값을 '에너지 준위'라고 합니다. 원자가 모여 하나의 집단(결정)이 되면 에너지 준위가 연속적으로 분포하게 되어 띠(밴드) 모양을 형성합니다. 이것을 에너지띠라고 불러, 밴드 이론으로 알려졌습니다. 밴드 이론은 반도체 기술에 이용됩니다. 전자가 외부에서 에너지를 받으면 원자핵으로부터 빠져나가 결정 속에 있는 자유 전자가 되어 전기가 흐른다는 성질을 활용해 반도체를 제조하지요.

구멍 이론

제창자	폴 디랙
제창된 해	1930년
관련 용어	원자핵, 전자, 반도체

FILE.
159

구멍 이론은 아인슈타인의 상대성 이론 등을 발전시켜 탄생했습니다. 상당히 어려운 이론이지만, 반도체 등을 다루는 전자공학에는 빼놓을 수 없는 분야입니다. 전자가 다른 에너지띠로 이동할 때, 원래 전자가 있던 에너지띠에 빈 구멍이 생깁니다. 이 구멍을 양공(홀)이라고 하고 전자가 이동한 쪽을 전도띠, 전자가 채워져 있다가 구멍이 빈 쪽을 원자가 띠라고 합니다. 이때, 양공이 생긴 에너지띠에서는 전자가 하나 빠져나갔기 때문에 다른 전자가 이동할 수 있는데 여기서 전자에 의한 운동 에너지가 발생합니다. 이런 성질은 반도체에도 활용됩니다.

전자가 차 있는
에너지띠

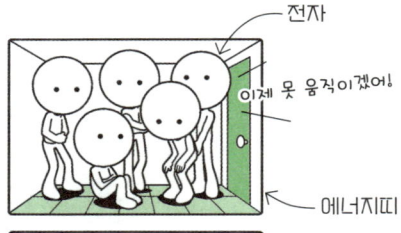

전자

이제 못 움직이겠어!

에너지띠

전자가
다른 에너지띠로
이동

다녀올게!

공간이 생겨
전자가 운동할 수
있게 됨

야호! 움직일 수
있어!

반도체 설계에 활용되는 구멍 이론. 전자가 빠져나가 생긴 자리를 활용해 전자가 운동하기 시작한다.

곤도 효과

제창자	곤도 준
제창된 해	1964년
관련 용어	전하, 전기 저항, 스핀

FILE.
160

50℃일 때

금속　전기 저항

50℃

온도

10℃일 때

10℃

내려갔네.

5℃일 때

5℃

야호! 다시 살아났다!

곤도 준은 오랫동안 물리의 과제였던 금속의 열에 관한 전기 저항 법칙을 발견했다.

　곤도 효과는 일본의 물리학자로 노벨상에 가까워졌다고 평가받는 곤도 준이 발견했습니다. 보통 온도 저하에 따라 일방적으로 내려가는 금속의 전기 저항이 어떤 일정한 온도 이하에서 반대로 상승하는 현상을 가리킵니다. 열에 관한 연구처럼 보이지만, 사실 자성이 깊이 관련되어 있습니다. 물질의 전기 흐름은 전하의 성질뿐만 아니라 자석의 근원이 되는 스핀이라는 성질을 가진 전자가 물질 속에서 얼마나 방해받지 않고 움직이는지에 따라 결정됩니다. 곤도는 철이나 망간이라는 불순물을 함유한 금속의 전기 저항이 내려가다가 멈추는 원리에 관심을 가졌습니다. 이 이론은 미래 기술에 활용될 것으로 기대를 모으고 있습니다.

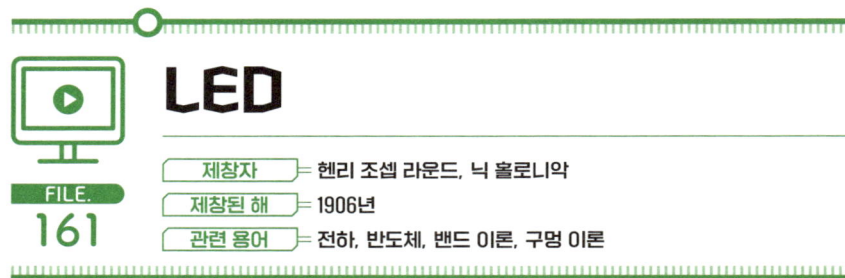

LED

제창자	헨리 조셉 라운드, 닉 홀로니악
제창된 해	1906년
관련 용어	전하, 반도체, 밴드 이론, 구멍 이론

FILE.
161

흔히 수명이 긴 조명으로 알려진 LED는 전기를 흐르게 하면 발광하는 반도체입니다. 최근에 정착했다고 생각하는데, 사실 1906년에 영국의 라운드가 탄화규소에 전류를 흘려 노란빛을 얻었던 일이 연구의 시작이었다고 합니다. 그 뒤 LED 발명의 아버지라고 불리는 미국의 홀로니악이 빨간 LED를 발명했습니다. LED로 흰색을 발광하게 하기 위해서는 청색 LED가 필요했습니다. 개발에 성공한 아카사키 이사무, 아마노 히로시, 나카무라 슈지는 노벨 물리학상을 받았고 LED는 양산화에 이르렀습니다. LED가 발광하는 원리에는 밴드 이론과 구멍 이론이 응용됩니다.

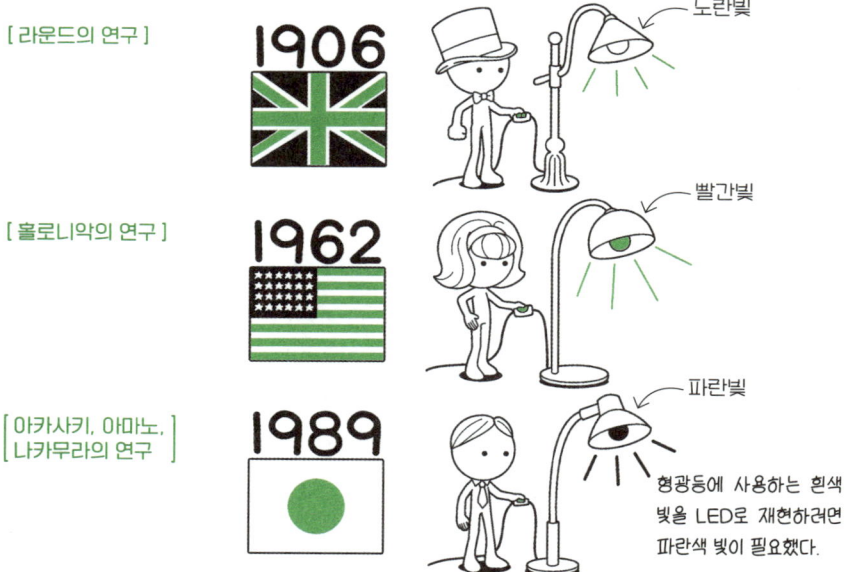

[라운드의 연구]

1906

노란빛

[홀로니악의 연구]

1962

빨간빛

[아카사키, 아마노, 나카무라의 연구]

1989

파란빛

형광등에 사용하는 흰색 빛을 LED로 재현하려면 파란색 빛이 필요했다.

터널 효과

제창자	= 에사키 레오나
제창된 해	= 1950년대
관련 용어	= 양자 역학

FILE.
162

[고전 역학]

공은 질량을 가지며 확정적으로 존재하므로 벽에 닿으면 반드시 튕겨 나온다.

[양자 역학]

공은 구름처럼 확률적으로 존재하는 소립자로 이루어져 있으므로 벽의 반대편으로 빠져나간다(그럴 가능성이 있다).

공을 벽으로 던지면 공이 벽에 부딪혀 튕겨 나옵니다. 너무나 당연한 현상이지만 이론적으로는 공이 벽을 빠져나가기도 합니다. 역학적으로는 벽의 에너지로 인해 공이 튕겨 나온다고 생각할 수 있지만 양자 역학에서는 공 자체가 소립자로 구성되어 있으므로 구름 같은 상태로 존재합니다. 그러므로 공이 파동처럼 움직여 벽의 건너편으로 빠져나갈 수 있다는 말입니다. 마치 물질이 벽에 구멍을 뚫어 건너편으로 빠져나가는 듯이 보이므로 터널 효과라고 합니다. 허황한 이야기처럼 생각될 수도 있겠지만, 사실 플래시 메모리 등은 이런 원리를 이용합니다.

에사키 다이오드

제창자	에사키 레오나
제창된 해	1957년
관련 용어	양자 역학, 터널 효과

에사키 다이오드는 일본의 물리학자 에사키 레오나가 터널 효과를 활용해 제작한 반도체입니다. 이 반도체는 전압이 증가하면 전류가 감소하는 부성저항 특성이 있으며, 전압과 전류 사이에 특징적인 관계가 있습니다. 일반적인 반도체에서는 기본적으로 반대 방향으로는 전류가 흐르지 않습니다. 그러나 에사키 다이오드는 역방향으로 전압을 걸면 전류도 역방향으로 흐르기 시작합니다. 이렇게 전류가 흐르는 현상은 터널 효과의 응용이라고 할 수 있습니다. 이 반도체는 '터널 다이오드'라고도 하는데, 마이크로파라는 전자기파와 잘 맞는다고 합니다. 양자 컴퓨터(→234쪽) 등을 개발하는 데에도 활용됩니다.

일반적인 반도체는 전류가 한쪽으로만 흐름

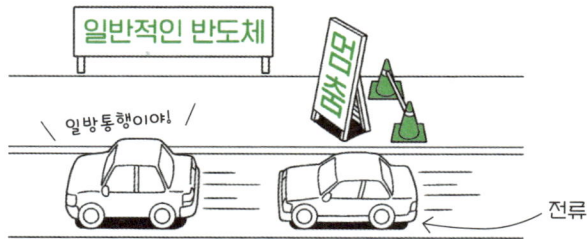

에사키 다이오드는 역방향으로도 전류가 흐름

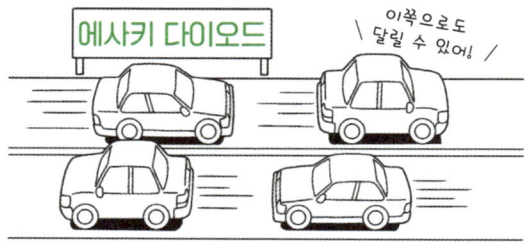

터널 효과를 기술로 활용한 것이 에사키 다이오드로 소니가 실용화했다.

슈타르크 효과

제창자	요하네스 슈타르크
제창된 해	1913년
관련 용어	원자, 스펙트럼

FILE. 164

물질의 복사나 빛의 파장에는 스펙트럼선이라는 고유 패턴이 있습니다. 독일의 슈타르크는 수소 원자에 외부에서 전기장을 걸면 에너지가 변화해 스펙트럼선이 분열하는 효과가 생긴다는 사실을 발견했습니다. 이것이 슈타르크 효과입니다. 지금도 원자의 슈타르크 효과는 연구가 진행되고 있습니다.

스펙트럼선
보통은 똑바로 날아감
발사
전기장을 걸면 분열함
전기장

슈타르크 효과는 빛의 스펙트럼 중 한 특징을 보여준다. 현재도 많은 연구가 계속된다.

제이만 효과

제창자	피터르 제이만
제창된 해	1896년
관련 용어	스펙트럼선, 슈타르크 효과, 양자 역학

FILE. 165

슈타르크 효과는 외부에서 전기장을 걸었을 때 스펙트럼선에 생기는 현상을 가리키는데, 그에 비해 제이만 효과는 외부에서 자기장을 걸었을 때 생기는 효과를 가리킵니다. 즉 원자에서 방출된 전자기파의 스펙트럼선이 분열하는 현상입니다. 양자 역학의 발전으로 더 복잡한 메커니즘이 밝혀지고 있습니다.

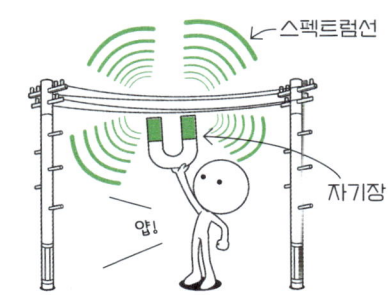

스펙트럼선
자기장
앗!

자기장을 가하면 스펙트럼선이 복잡한 메커니즘으로 분열한다.

광섬유

제창자	니시자와 준이치
제창된 해	1964년
관련 용어	빛, 굴절률, 전반사

인터넷 회선 관련 용어로 광케이블 이라는 단어를 들어보셨을 것입니다. 투명도가 높은 유리나 플라스틱으로 된 광섬유를 케이블 상태로 만들어 빛을 전달하는 장치를 말합니다. 빛의 전반사 현상을 이용해 굴절률이 높은 코어를 굴절률이 낮은 클래드라는 소재로 감싸 빛을 전달합니다.

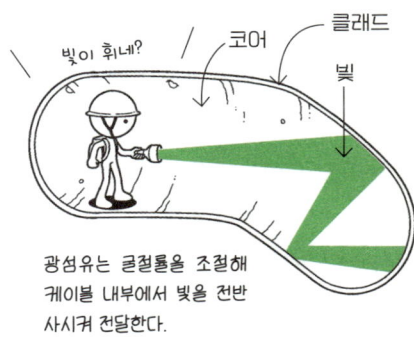

광섬유는 굴절률을 조절해 케이블 내부에서 빛을 전반 사시켜 전달한다.

레이저

제창자	고든 굴드
제창된 해	1959년
관련 용어	광섬유, 마이크로파

레이저는 마우스나 레이저 포인트 등 우리 주변에서 흔히 접하는 기술에 이용됩니다. 원래는 빛을 증폭해 쏘는 장치를 말합니다. 레이저의 특징 은 빛과 달리 퍼지지 않고 똑바로 나 아간다는 점과 하나의 색으로만 되어 있다는 점입니다. 이 성질을 이용해 광섬유의 광원으로도 활용합니다.

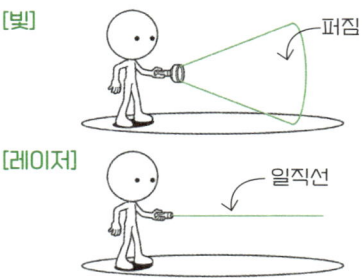

[빛]

퍼짐

[레이저]

일직선

레이저는 빛을 모아 일직선으로 방사한다. 이름은 복사 유 도 방출에 의한 광증폭(Light Amplification by Stimulated Emission of Radiation)의 줄임말이다.

안개 상자

제창자	찰스 윌슨
제창된 해	1897년
관련 용어	방사선, 입자

FILE.
168

증기가 액체로 바뀌는 작용(응결 작용)을 이용해 입자의 움직임을 관찰하기 위한 장치입니다. 알코올을 증발시킨 기체를 상자 안에 넣고 온도를 내리면 하얀 줄이 보입니다. 그 안에 방사선을 통과하게 하면 방사선이 어떻게 날아가는지 관측할 수 있습니다. 이 방법으로 방사선 연구를 진행했습니다.

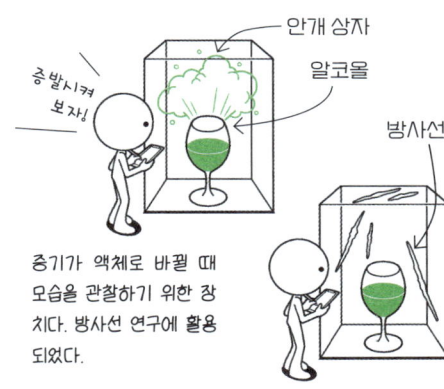

증기가 액체로 바뀔 때 모습을 관찰하기 위한 장치다. 방사선 연구에 활용되었다.

거품 상자

제창자	도널드 글레이저
제창된 해	1952년
관련 용어	방사선, 입자

FILE.
169

안개 상자와 비슷한 원리로, 과열 상태의 투명한 액체를 채운 공간을 입자가 통과하게 한 장치입니다. 입자가 통과한 부분의 수소가 거품이 되면서 입자의 움직임을 관측할 수 있게 됩니다. 이 장치로 중성 미자(→158쪽)를 관측했다고 합니다. 나중에 미시 수준에서 현상을 시각적으로 관찰하는 도구로 이용합니다.

현대에는 기계적인 관측 기기로 바뀌었지만, 지금도 교육용으로는 이용된다.

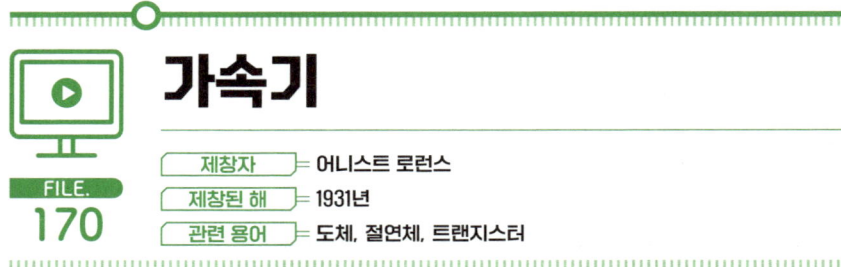

가속기

제창자	= 어니스트 로런스
제창된 해	= 1931년
관련 용어	= 도체, 절연체, 트랜지스터

FILE.
170

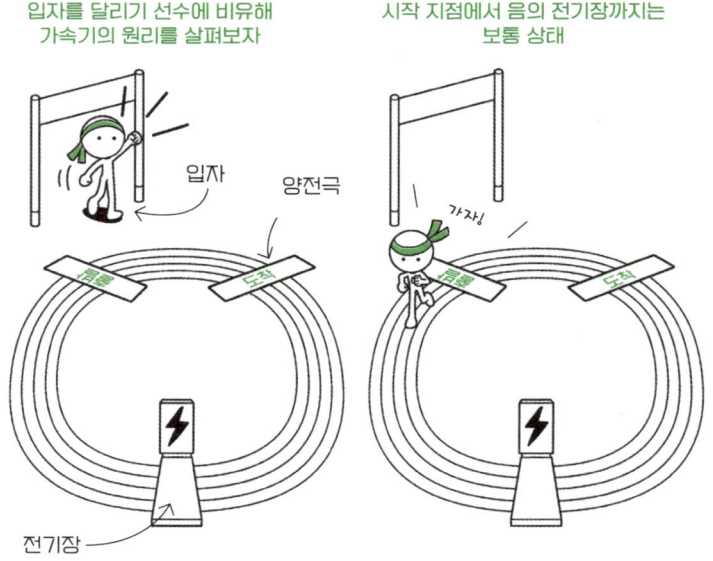

입자를 달리기 선수에 비유해
가속기의 원리를 살펴보자

시작 지점에서 음의 전기장까지는
보통 상태

입자

양전극

가짐

음극   도착   음극   도착

전기장

　요즘은 텔레비전이나 컴퓨터 디스플레이에 액정 패널을 많이 사용하지만, 예전에
는 브라운관이라는 장치를 사용했습니다. 사실 브라운관은 가속기라는 물리학 실험
장치에서 유래했습니다. 단적으로 설명하면 가속기는 입자에 운동 에너지를 가해
속도를 올리는 장치입니다. 가속기를 가동할 때는 전기장을 이용합니다. 전하를 가
진 입자는 전기장 안에서 에너지를 받아 점점 가속합니다. 이 시스템은 두 전극 판
을 이용하는데, 구멍이 뚫린 전극 쪽으로 음전하를 띤 전자를 넣습니다. 그러면 전
자는 양전하를 띤 전극으로 가속하여 빨려 갑니다.

전기장에 의해 가해진 전자의 에너지는 전기장 안의 위치 에너지가 운동 에너지로 변환된 것으로 전자볼트(eV)라는 특수한 단위를 사용합니다. 전극 간의 전압이 1V일 때 전자가 얻는 에너지는 1eV입니다.

브라운관은 어떤 원리로 영상을 보여줄까요? 브라운관 내부에는 음극으로 들어간 전자가 브라운관 내부의 전기장으로 가속되고, 전자 빔이 되어 브라운관의 발광면을 두드립니다. 이런 과정을 거쳐 브라운관 표면에 영상이 나옵니다.

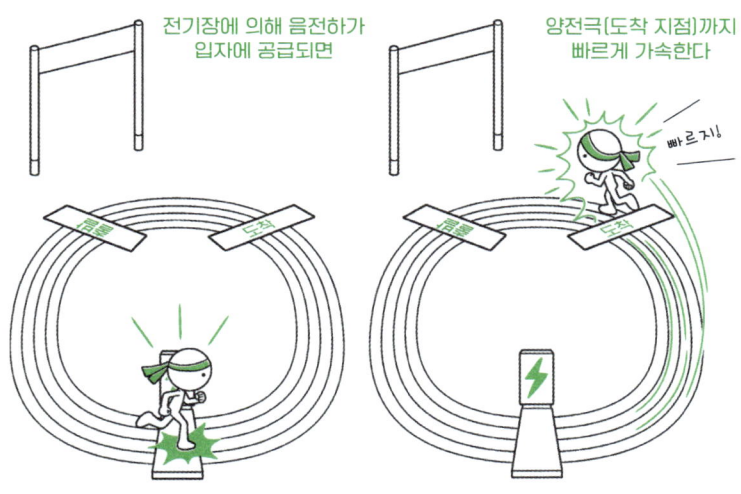

가속기는 현대 전자 제품의 발전과 큰 관련이 있습니다. 예를 들면, 의료 분야에는 CT 스캔이나 PET 검사라는 고도의 화상 진단 장치가 있는데, 이 장치들에도 가속기가 큰 역할을 합니다. 또, 입자를 빛의 속도에 가깝게 가속하여 높은 에너지 상태로 만드는 고에너지 가속기는 다양한 첨단 연구에 활용됩니다. 일본의 효고현에 있는 대형 방사광 시설 SPring-8에서는 가속기로 전자를 빛의 속도에 가깝게 가속하여 원자 레벨에서 물질의 구조나 작용을 관찰합니다. 이런 기술을 가진 시설은 전 세계에 세 곳밖에 없습니다. 광합성 같은 화학 반응 연구에도 이용하지요. 가속기는 현대의 모든 기술을 지탱하고 있습니다.

인공 지능

제창자	= 존 매카시, 마빈 민스키
제창된 해	= 1956년
관련 용어	= 기계 학습, 심층 학습

FILE. 171

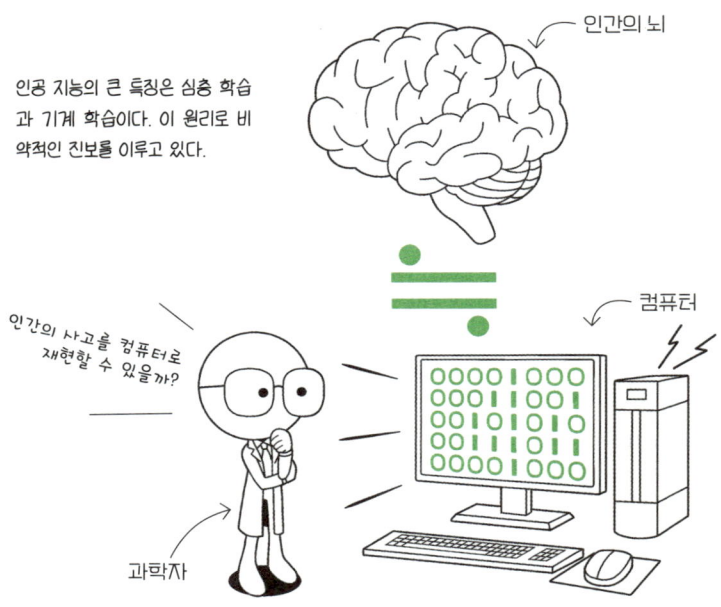

인공 지능의 큰 특징은 심층 학습과 기계 학습이다. 이 원리로 비약적인 진보를 이루고 있다.

인간의 뇌

인간의 사고를 컴퓨터로 재현할 수 있을까?

컴퓨터

과학자

　인공 지능은 세계의 과학 기술을 진보시키므로 각국에서 연구 개발이 진행되고 있습니다. 인공 지능의 정의는 엄밀하게 정해져 있지 않지만, 인간의 사고 프로세스와 매우 닮은 메커니즘으로 작동하는 프로그램, 또는 인간이 지적이라고 느끼는 정보 처리 기술과 같은 넓은 개념으로 이해하면 됩니다. 인공 지능의 큰 특징은 심층 학습과 기계 학습입니다. 심층 학습은 인간의 뇌 구조를 본떠 만든 시스템(뉴럴 네트워크)을 이용해 이루어지고, 인간처럼 정보를 근거로 고찰이나 예측, 문제 해결 등을 합니다. 반면, 기계 학습은 트레이닝을 통해 특정 작업을 실행하게 됩니다.

인공 지능의 기계 학습에는 학습과 추론이라는 두 프로세스가 있습니다. 학습은 대량의 데이터에서 일정한 규칙, 패턴을 발견하는 과정입니다. 이렇게 발견한 퍼턴은 학습된 모델이라고 하며, 인공 지능은 이 패턴을 이용해 다양한 일을 하게 됩니다. 그중 하나가 추론입니다. 추론은 이미 축적된 자료에서 미지의 상황을 예상하고 추측하는 과정을 말합니다. 추론은 심층 학습으로 더 정확성을 키워가는데, 그러기 위해서는 더 정확한 뉴럴 네트워크가 필요해집니다. 그러므로 인공 지능의 성능은 얼마나 뉴럴 네트워크가 잘 작동하는지에 좌우됩니다.

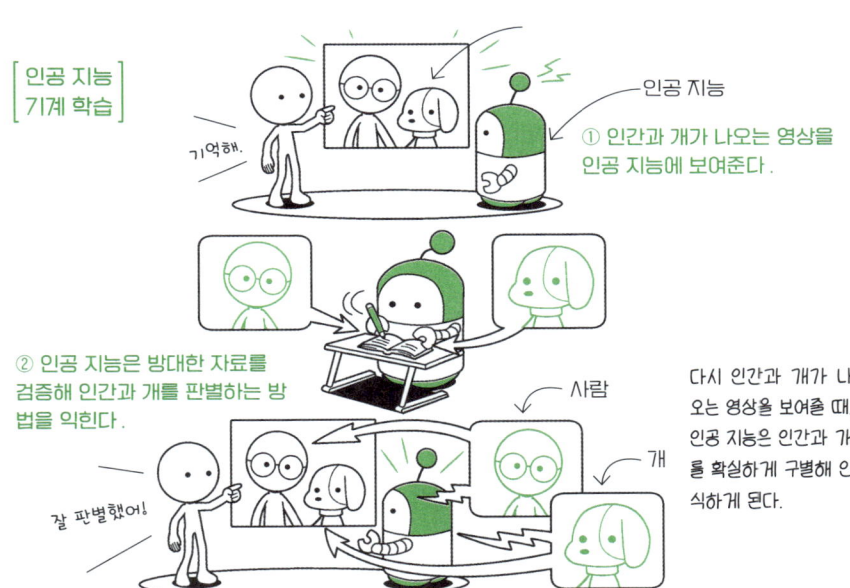

[인공 지능]
[기계 학습]

기억해.

인공 지능

① 인간과 개가 나오는 영상을 인공 지능에 보여준다.

② 인공 지능은 방대한 자료를 검증해 인간과 개를 판별하는 방법을 익힌다.

잘 판별했어!

사람

개

다시 인간과 개가 나오는 영상을 보여줄 때, 인공 지능은 인간과 개를 확실하게 구별해 인식하게 된다.

인공 지능은 스스로 학습하므로 언젠가는 인간의 지능을 뛰어넘는 날이 온다고도 합니다. 그때 인공 지능이 인간의 마음을 가지고 있냐 없냐에 따라 강한 인공 지능과 약한 인공 지능으로 나뉜다고 보지요. 강한 인공 지능이란 인간의 마음에 가까워 윤리관 등을 근거로 판단을 내리는 인공 지능입니다. 반면, 약한 인공 지능은 인간의 마음을 갖지 않고 프로그램이 인간의 인지에 가까울 뿐인 존재입니다. 현재로서는 강한 인공 지능은 등장하지 않았고, 약한 인공 지능이 윤리를 무시한 답을 도출해 비판을 받기도 합니다.

양자 컴퓨터

제창자	= 폴 베니오프, 리처드 필립스 파인먼
제창된 해	= 1980년대~현재
관련 용어	= 고전 역학, 양자 역학

컴퓨터는 현재 우리 생활에 빼놓을 수 없는 도구가 되었지만, 원래는 복잡한 계산을 빠르게 푸는 도구인 전자계산기일 뿐이었습니다. 계산이라고 하면 1+1 = 2와 같은 식을 떠올리시나요? 이 계산은 고전 계산이라고 하며, 실제로 현재 사용하는 PC나 스마트폰 등에도 사용됩니다. 그러나 양자 컴퓨터에서는 이런 고전 계산을 이용하지 않고 양자 역학에 근거한 양자 계산으로 계산합니다. 양자 컴퓨터는 현재의 컴퓨터로 풀 수 없는 문제들을 풀어냅니다.

[고전적인 계산]

1+1은 2지.

기존 컴퓨터는 고전 역학 등에서 쓰는 계산 방법을 이용한다.

[양자적인 계산]

0과 1은 서로 겹쳐 있으니까….

양자 컴퓨터는 양자 계산이라는 방법을 이용해 계산 속도를 높였다.

양자 계산의 원리에 대해 조금 파고들어 보겠습니다. 고전 계산과 양자 계산의 차이는 연산에서 사용하는 단위입니다. 고전 계산에서는 연산에서 사용하는 단위를 비트라고 하는데 '0과 1중 어느 한쪽의 값'밖에 없습니다. 기본적으로 지금까지 컴퓨터는 0과 1을 사용해 계산했습니다. 그러나 양자 계산의 경우, Q 비트라고 하는 0과 1이 서로 겹친 상태에서 계산합니다. 이해하기 어렵겠지만, 이 방법으로 양자 계산에서는 한꺼번에 많은 계산을 시행합니다. 즉, 고전 계산보다 짧은 시간에 많은 계산을 한다는 말입니다. 현 단계의 양자 컴퓨터는 오류가 많고 기존 컴퓨터보다 연산 기능에서 뒤떨어지지만, 실용화되면 원자나 분자를 다루는 약제나 질병 등을 해명하는 데 중요한 역할을 하게 됩니다.

[양자 컴퓨터]

실현되면 기존의 컴퓨터보다 연산 기능이 높아진다.

반면 양자화된 수치를 이용하기 때문에 급여 계산 등에는 적합하지 않다고 한다.

현재 세계 각국에서 양자 컴퓨터의 연구가 진행되고 있습니다. 그중에서도 가장 공을 들이는 나라는 미국입니다. 양자 연구 집중 지원법을 제정해, 양자 개발을 계속하고 있습니다. 한편, 연구 논문 수로 세계 1위인 나라는 중국입니다. 2013년 이후 미국을 웃도는 수의 논문을 발표했습니다. 논문의 수는 2019년 시점에서 1,913건을 넘겼습니다. 일본은 예산으로도 논문 수로도 뒤처져 따라가고 있습니다.

싱귤래리티

제창자	레이 커즈와일
제창된 해	2005년
관련 용어	인공 지능

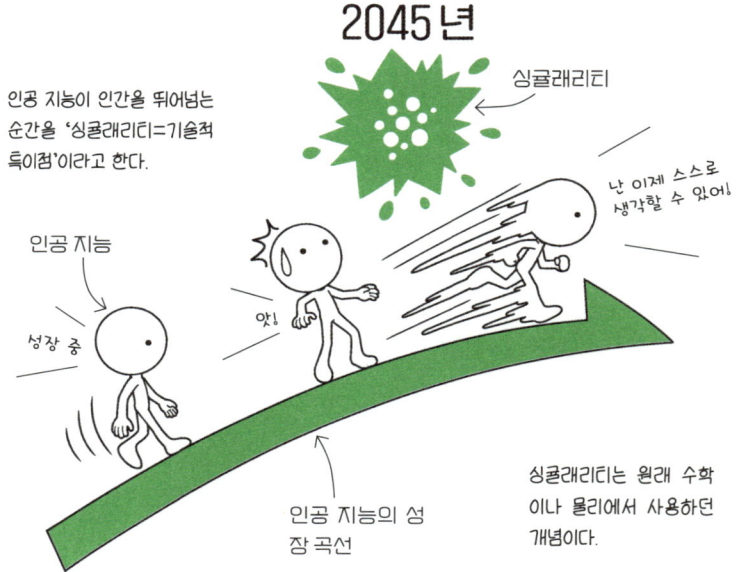

2045 년

인공 지능이 인간을 뛰어넘는 순간을 '싱귤래리티=기술적 특이점'이라고 한다.

싱귤래리티

인공 지능

성장 중

앗!

난 이제 스스로 생각할 수 있어!

인공 지능의 성장 곡선

싱귤래리티는 원래 수학이나 물리에서 사용하던 개념이다.

    싱귤래리티는 원래 특이점이라는 의미인데, 일반적으로 기술적 특이점으로 알려져 있습니다. 기술적 특이점이란 1980년대부터 인공 지능 연구자들 사이에서 시작된 이야기로, 인공 지능이 인간의 지능을 넘어서는 시기를 가리킵니다. 미국의 커즈와일은 2045년에 싱귤래리티가 일어난다고 예언했고, 과학자들 사이에서는 다양한 가설이 세워지고 있습니다. 긍정파는 산업 등에 긍정적 효과가 있을 것으로 생각하는 반면, 부정파는 인류와 인공 지능이 대립을 일으킬 가능성이 있다고 경고합니다. 실제로 그날이 올지는 모르겠지만, 인공 지능이 인류를 뛰어넘는 날이 오는 것은 확실하다고 봅니다.

실험을 반드시 실패하게 하는 파울리 효과

전 자 제품의 근처에 특정한 사람이 있으면 반드시 고장이 나거나 망가진다는 이야기를 들어본 적이 있나요? 이 현상을 물리학적으로는 파울리 효과라고 하며 누군가의 존재 때문에 왠지 일이 잘 안 풀리는 경우를 가리킵니다. 오스트레일리아의 볼프강 파울리라는 인물의 이름에서 따온 말인데요, 왜 이런 이야기가 나왔는지 함께 알아봅시다.

동료들 사이에 퍼진 물리학계 농담

파울리는 원자 내에 있는 전자 궤도에 대해 '파울리의 배타 원리'를 발견했으며 1945년에는 아인슈타인의 추천으로 노벨 물리학상까지 받은 위인입니다. 그러나 그는 실험에 매우 서툴렀습니다. 파울리가 손대면 실험 장비가 손상되거나 다가가기만 해도 이해할 수 없는 방식으로 망가졌습니다.

완벽주의자로 유명한 볼프강 파울리(1900~1958).

그래서 친구인 물리학자 오토 슈테른은 파울리를 실험실에 들이고 싶지 않아 했습니다. 닐스 보어는 실험이 실패하면 항상 파울리의 탓으로 돌렸습니다. 정말 딱했지만 본인조차도 파울리 효과를 인정했을 정도라고 합니다. 그렇지만 이 효과는 물리적으로 실증되지도 않았고, 동료들 사이의 농담이 물리학계에 퍼져 있던 이야기일 뿐입니다. 여러분의 주위에도 파울리 같은 사람이 있다면 꼭 파울리 효과라고 말해보세요.

우주 엘리베이터

제창자	= 콘스탄틴 치올콥스키
제창된 해	= 1895년
관련 용어	= 인공위성, 카본 나노 튜브, 자기장

FILE.
174

화물을 운반해요.

우주 엘리베이터

1991년에 탄소 나노 튜브가 개발되어 우주 엘리베이터의 실현성이 세계적으로 논의되기 시작했다.

우주여행을 갑니다.

Guide Book

지구

우주 엘리베이터는 문자 그대로 지상과 우주에 있는 위성을 이어주는 꿈의 기술입니다. '궤도 엘리베이터'라는 별명으로도 불리지요. 우주여행의 아버지 치올콥스키가 자신의 저서에 기술해 놓았습니다. 옛날에는 기술적인 문제 때문에 실현이 불가능하다고 여겼지만, 가볍고 튼튼한 탄소 나노 튜브라는 소재가 등장하면서 개발의 실현성이 급격히 높아졌습니다. 우주 엘리베이터의 장점은 로켓보다 낮은 비용, 낮은 위험성으로 우주로 갈 수 있다는 점입니다. 하지만 인공위성의 정지 궤도에서 내린 케이블이 중력이나 자기장의 영향을 어떻게 받는지 등의 과제가 남아 있어, 실현은 아직 먼 미래의 일이 될 것 같습니다.

영구 기관

제창자	= 아르키메데스
제창된 해	= 기원전~현재
관련 용어	= 열역학 제1법칙, 열역학 제2법칙

영구 기관은 영구히 일을 계속하는 장치를 말합니다. 제1종과 제2종이 있는데, 제1종은 외부로부터 아무것도 받지 않고, 외부로 일을 하는 기관을 말합니다. 이 내용은 변환 전후의 에너지 총합은 변하지 않는다는 열역학 제1법칙에 반하기 때문에 부정되었습니다. 제2종은 장치를 움직이는 에너지를 스스로 조달하는 기관인데, 이 또한 외부에서 받는 열을 100% 일로 변환할 수 없고, 일부는 다시 외부로 버려야 한다는 열역학 제2법칙에 위배됩니다. 제1종, 제2종 모두 실현이 불가능하다고 여겨지지만 혹시라도 실현한다면 인류가 에너지 문제에 시달리는 일은 사라지겠지요.

[영구 기관이라고 생각되었던 제품]

물 먹는 새

영구 기관이라고 착각했던 제품으로 물 먹는 새가 있다. 이 제품은 온도 차를 이용해 열에너지를 운동 에너지로 변환해서 일을 하므로 영구 기관이 아니다.

[영구 기관은 부정되었다]

실현 가능한가요?

제1종 영구 기관, 제2종 영구 기관 모두 열역학 법칙에 반하기 때문에 현재는 실현할 수 없다고 알려져 있다.

카르노 사이클

제창자	니콜라 레오나르 사디 카르노
제창된 해	1824년
관련 용어	열역학 제1법칙, 열역학 제2법칙

FILE.
176

에어컨 내부

역 카르노
사이클

열심히 일하자!

에어컨

카르노 사이클의 작용을 역으로 적용한 역 카르노 사이클은 실용화를 마쳤다. 에어컨 등에 사용된다.

카르노 사이클은 인류가 고안한 열기관 중에서 가장 효율이 좋은 엔진으로 일컬어집니다. 열역학 제2법칙에 의하면, 열기관은 고열원에서 열을 받아 일을 한 뒤, 저열원으로 방출합니다. 이때 방열하는 양이 적을수록 열효율이 상승합니다. 카르노 사이클에서는 기체가 팽창하는 과정에서는 열을 얻어 일을 하고, 기체의 온도가 유지되는 동안 열을 내뿜습니다. 즉, 일을 하는 동안 들어온 열의 일부가 손실되는데 극한까지 열효율을 높여 효율 좋은 작업을 하려는 것입니다. 실현 가능성은 없지만, 최대한 근접한 열기관을 만들 수는 있다고 합니다.

초음속

FILE.
177

제창자	에른스트 마하
제창된 해	1887년
관련 용어	음속, 파동, 충격파

　물리학 세계에서는 '초(超)'가 붙는 용어가 많이 등장합니다. 그중에서도 가장 친숙한 용어가 초음속이겠지요. 단위로는 발견한 사람의 이름을 따 마하(→66쪽)라고 씁니다. 요즘은 초음속을 이용한 기술을 전투기 등에서 볼 수 있는데, 옛날에는 민간 여객기에도 사용했습니다. 초음속 여객기 콩코드는 2003년까지 운항했지만, 연비 효율이 낮고, 음속을 넘어갈 때 발생하는 소닉붐이 종종 문제가 되었습니다. 현재는 주로 초음속 전투기에 기술을 활용하는데, 최고 속도로 마하 9.68을 기록합니다.

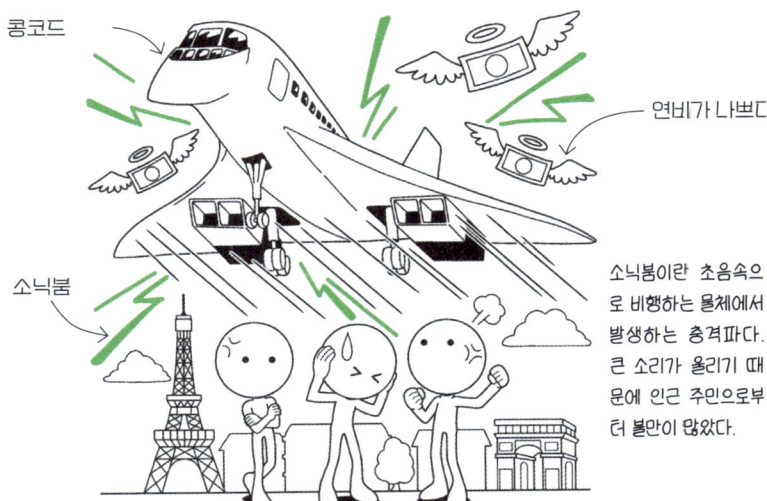

콩코드

연비가 나쁘다

소닉붐

소닉붐이란 초음속으로 비행하는 물체에서 발생하는 충격파다. 큰 소리가 울리기 때문에 인근 주민으로부터 불만이 많았다.

옛날 초음속 여객기 콩코드는 채산이 맞지 않아 폐지되었지만, 지금도 연구 개발은 계속되고 있다.

초음파

FILE.
178

제창자	라차로 스팔란차니
제창된 해	1794년
관련 용어	음속, 파동, 충격파

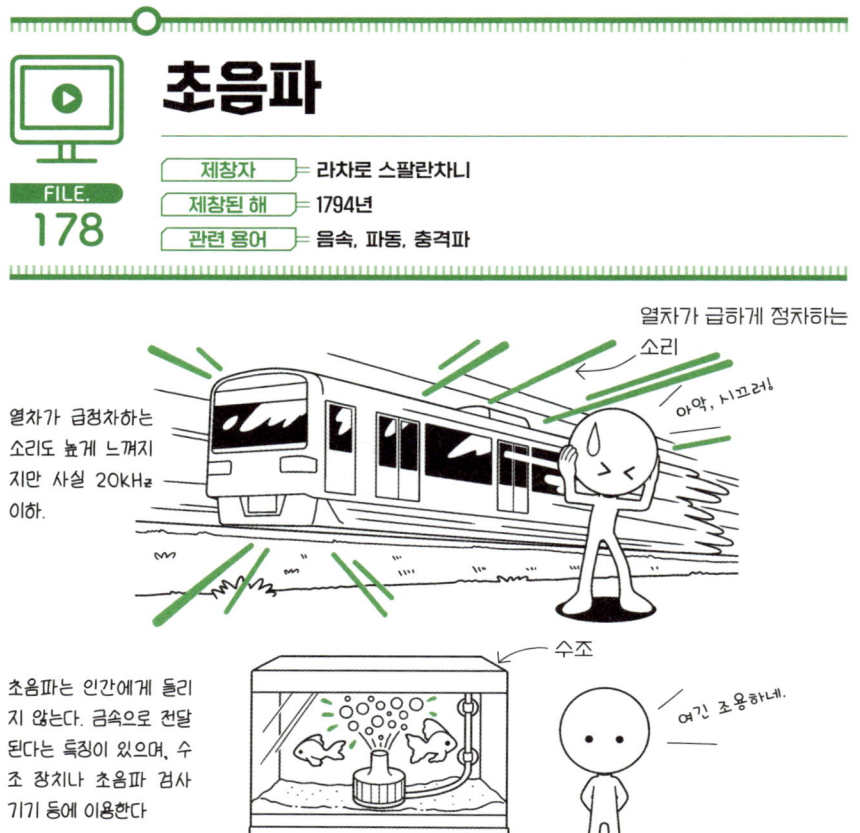

열차가 급하게 정차하는 소리

아악, 시끄러!

열차가 급정차하는 소리도 높게 느껴지 지만 사실 20kHz 이하.

초음파는 인간에게 들리 지 않는다. 금속으로 전달 된다는 특징이 있으며, 수 조 장치나 초음파 검사 기기 등에 이용한다

수조

여긴 조용하네.

물체 내부로 전달되는 음의 파동을 음파라고 하는데, 인간의 귀에 들리지 않는 음
파를 초음파라고 합니다. 음파가 들리는지 아닌지는 음이 진동하는 횟수인 주파수
(Hz)와 관계있습니다. 인간의 귀에 들리는 주파수는 낮은음으로는 20Hz, 높은음으로
는 20㎑ 정도가 한계로 알려져 있습니다. 그 외의 음은 존재하더라도 들리지 않습
니다. 예를 들어 안경점에 있는 안경 세척기는 38㎑인 음파를 사용하기 때문에 우
리 귀에는 들리지 않습니다. 초음파는 전파와 다르게 금속을 타고 전달되는 특징이
있어, 세척용이나 의료용 초음파 기기에 활용하기도 합니다.

초전도

제창자	헤이커 카메를링 오너스
제창된 해	1911년
관련 용어	전자, 도체, 분자, 전기 저항

FILE. 179

전자는 도체 속을 통과할 때 다른 입자나 분자에 부딪히며 이동을 방해받습니다. 이 방해가 전기 저항입니다. 어떤 도체라도 극저온으로 냉각하면 전기 저항이 0이 되는데, 그 상태를 초전도라고 합니다. 초전도는 많은 물질에서 영하 수백℃의 저온이 되면 발생하는데, 그중에는 비교적 높은 온도에서 발생하는 물질도 있습니다. 초전도가 되면 전기가 손실되지 않는 상태가 되므로 강력한 자기장을 발생시키거나 작은 에너지로 원하는 일을 할 수 있게 됩니다. 일본에서 2027년에 개통 예정인 자기 부상 열차(리니어 모터카)가 이 성질을 이용했습니다. 초전도를 이용해 신칸센보다 빠른 시속 500㎞ 주행을 실현합니다.

도체를 냉각하지만

얼어붙어라.

10℃까지 냉각시켜도
초전도는 발생하지 않음

자기 부상 열차

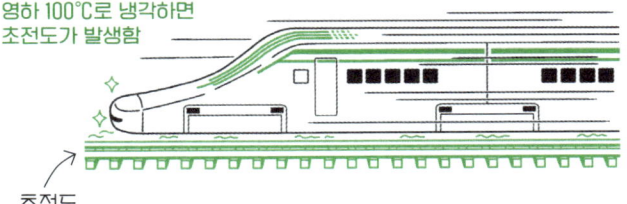

영하 100℃로 냉각하면
초전도가 발생함

초전도

물질을 극히 낮은 온도로 냉각하면 전기 저항이 0이 된다. 이 초전도의 성질을 자기 부상 열차나 MRI 검사에 활용한다.

조지프슨 효과

제창자	브라이언 조지프슨
제창된 해	1962년
관련 용어	터널 효과, 초전도

FILE. 180

① 맥주잔이 약하게 결합해 있다.

초전도체에 터널 효과가 일어나는 현상. 가까운 미래의 기술로 실용화되기를 기다리고 있다.

건배!

③ 초전도 전류가 흐른다.

② 조지프슨 효과가 일어난다.

　약하게 결합한 두 초전도체 사이에 터널 효과에 의해 초전도 전류가 흐르는 현상을 말한다. 발견한 당시에 조지프슨은 케임브리지대학의 대학원생이었는데, 나중에 에사키 레오나 연구팀과 함께 노벨 물리학상을 받았습니다. 약하게 결합한 부분을 조지프슨 결합이라고 하고, 조지프슨 효과를 이용한 전자를 조지프슨 소자라고 합니다. 조지프슨 소자는 종래의 실리콘 반도체보다 더 작게 만들 가능성이 있으므로 반도체 기술에 활용할 수 있다고 기대를 모으고 있습니다. 다만 초저온 상태에서만 동작하므로 제작 비용이 올라가 본격적인 실용화에는 이르지 못했습니다.

마이스너 효과

제창자	발터 마이스너, 로베르트 옥센펠트
제창된 해	1933년
관련 용어	초전도, 자기장

FILE.
181

초전도체에는 조지프슨 효과 외에도 다양한 효과가 있습니다. 그중 하나가 마이스너 효과입니다. 마이스너 효과는 초전도체를 자기장 내에 두었을 때, 자기장을 초전도체 안에서 밖으로 밀어내는 현상입니다. 그러므로 초전도체에 자석을 갖다 대면 반발해 떨어지게 됩니다.

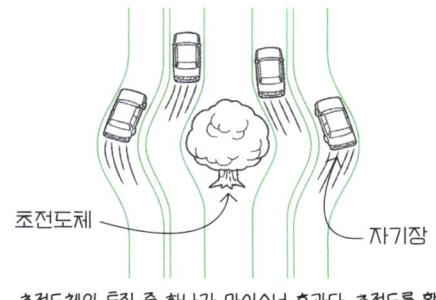

초전도체의 특징 중 하나가 마이스너 효과다. 초전도를 활용한 기술에 이용한다.

자기 선속 고정

제창자	불명
제창된 해	불명
관련 용어	초전도, 자기장

FILE.
182

초전도체 중에서도 제2종 초전도체는 군데군데 초전도가 되지 않는 부분이 생겨, 자기장이 그 부분으로 빠져나가 버립니다. 그러면 주위는 초전도가 되어 있기 때문에 그 자리에서 움직이지 않게 됩니다. 자기장을 핀으로 고정한 것처럼 보여 플럭스 피닝(flux pinning)이라고도 부릅니다.

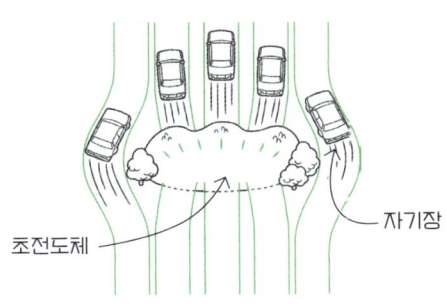

초전도체를 통과한 자기장이 그 자리에서 움직일 수 없게 되는 현상이다. 자기 부상 열차가 뜨는 원리 중 하나다.

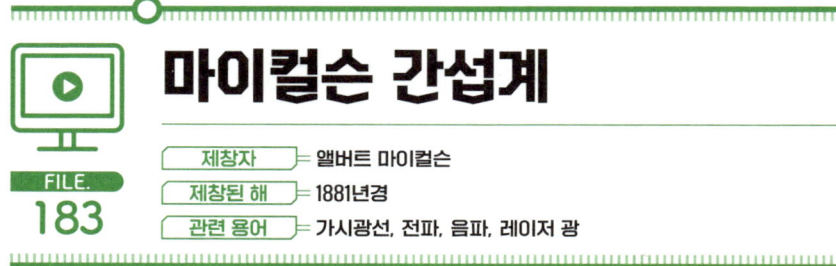

마이컬슨 간섭계

제창자	= 앨버트 마이컬슨
제창된 해	= 1881년경
관련 용어	= 가시광선, 전파, 음파, 레이저 광

FILE.
183

  간섭계란 복수의 파동이 중첩할 때 각각의 파가 일치하는 부분에서는 강화되고 반대인 부분에서는 약해지는 성질을 이용해 주파수를 측정하는 기기를 말합니다. 가시광선이나 전파, 음파 등을 측정하는 기본적인 기기로, 미국의 마이컬슨이 제작한 마이컬슨 간섭계가 가장 널리 알려져 있습니다. 원리는 레이저 광선을 두 개의 경로로 나누어 반사하고 다시 합류하게 했을 때 두 경로의 길이가 다른 경우 원래 빛에 대해 빛의 강도가 달라진다는 내용입니다. 개발된 지 100년이 넘게 지났지만 지금도 널리 사용되고 있으며 중력파 측정에도 활용합니다.

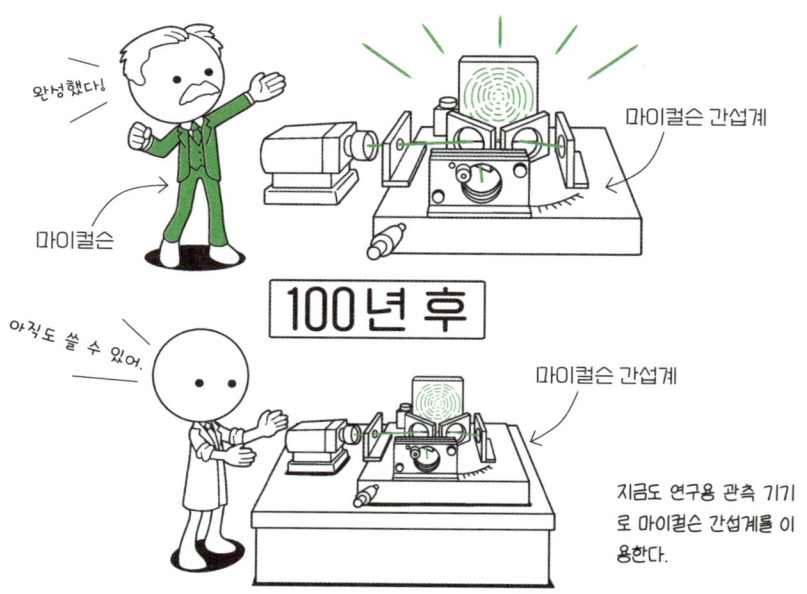

완성했다!

마이컬슨

마이컬슨 간섭계

100년 후

아직도 쓸 수 있어.

마이컬슨 간섭계

지금도 연구용 관측 기기로 마이컬슨 간섭계를 이용한다.

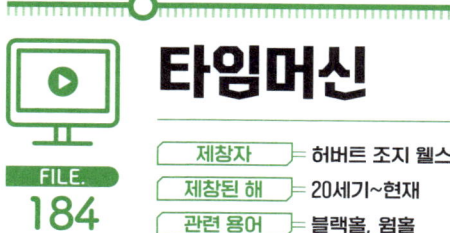

타임머신

제창자	허버트 조지 웰스, 킵 손 등
제창된 해	20세기~현재
관련 용어	블랙홀, 웜홀

타임머신

과거

미래

과거로는 어렵지.

과거로 갈 수 있다는 의견과 과거로는 갈 수 없다는 의견이 대립 중이다.

미래로는 갈 수 있겠지.

대부분의 과학자가 미래로는 갈 수 있다고 본다.

　현대 물리학에서는 아인슈타인의 일반 상대성 이론(→106쪽)을 활용해 블랙홀(→127쪽)을 사용하면 이론상 미래에 갈 수 있다고 봅니다. 하지만 이 이론에서는 과거로 갈 수 없습니다. 그런데 과거로도 갈 수 있다고 주장하는 과학자가 있습니다. 그중 한 사람이 미국의 킵 손입니다. 킵 손은 상대성 이론을 발전시켜 미래의 지적 생명체가 통행할 수 있는 웜홀을 만들면 과거로 여행할 수 있다고 했습니다. 여기에는 반대 의견도 많고, 양자론의 과학자는 미시 세계의 법칙이 깨진다고 주장합니다. 다양한 논의가 있지만, 과학자도 타임머신을 꿈꾼다는 점은 틀림없습니다.

양자 텔레포테이션

제창자	= 찰스 베넷
제창된 해	= 1993년
관련 용어	= 양자 역학, 양자 얽힘

FILE.
185

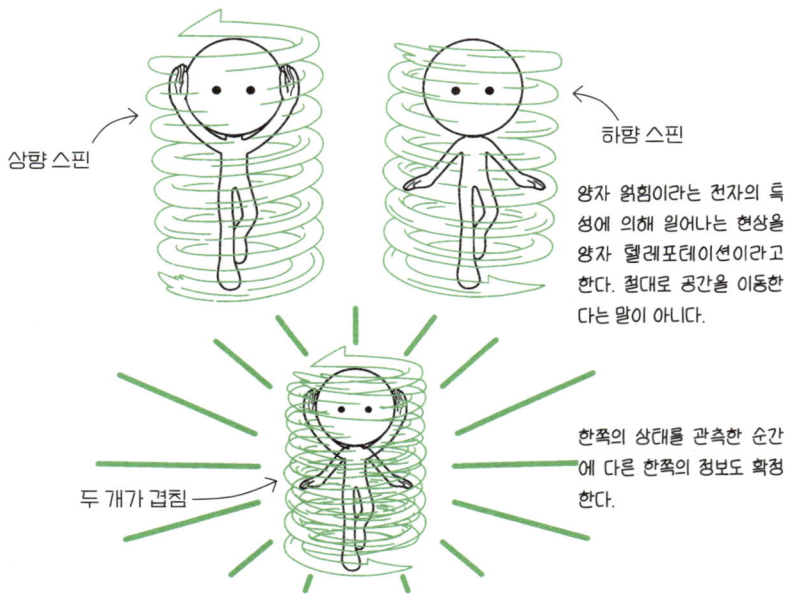

상향 스핀

하향 스핀

양자 얽힘이라는 전자의 특성에 의해 일어나는 현상을 양자 텔레포테이션이라고 한다. 절대로 공간을 이동한다는 말이 아니다.

두 개가 겹침

한쪽의 상태를 관측한 순간에 다른 한쪽의 정보도 확정한다.

　　양자 텔레포테이션이란 멀리 떨어진 장소에 양자 상태를 순식간에 전송하는 것입니다. 전자에는 스핀이라는 성질이 있고 스핀에는 상향 스핀과 하향 스핀의 두 가지가 있습니다. 상향이나 하향뿐만 아니라 동시에 겹치기도 합니다. 스핀이 중첩된 상태를 양자 얽힘이라고 하는데, 전자가 이 관계에 있을 때, 두 입자 중 한쪽의 상태를 관측하면 즉시 다른 한쪽이 상향인지 하향인지가 판명됩니다. 즉, 순간적으로 어느 한쪽으로 전송된다고 생각되며 이것이 텔레포테이션의 일종이라고 봅니다. 이 기술이 가능하다면 언젠가는 만화 '도라에몽'에서 나온 '어디로든 가는 문'이 만들어지는 날이 올지도 모르겠습니다.

우연히 결과가 일치한다! '어디서든 효과'

마 치 도라에몽에 나올 법한 비밀 도구 같은 이름이지만, 소립자의 연구에서는 중요한 오차를 나타냅니다. 이 효과는 탐색하는 파라미터 공간이 너무 크기 때문에 얼핏 보기에 통계적으로 의미 있어 보이는 관측이 가능했다고 해도 실제로는 우연히 생긴 일을 의미합니다.

확률론의 구멍이라고 할 만한 효과

가령, 생일을 예로 들어 봅시다. 1년 365일 중 어느 날에 태어날 확률은 일정하다고 가정합니다. 두 사람의 생일이 우연히 1월 1일로 일치할 확률을 계산하면 약 100만 번에 한 번이라는 매우 작은 수치가 나옵니다.

그러나 어느 날이든 상관없이 두 사람의 생일이 일치할 확률을 계산하면 약 1,000번 중 세 번으로 앞의 계산과 비교할 수 없을 정도로 커집니다. 그러면 어느 날이든 상관없이, 우연히 일치한 날이 1월 1일이라고 하면 어떨까요? 두 상황 모두 똑같이 1월 1일에 일치하지만, 확률은 다릅니다. 이렇게 어디서든 상관없이 일치하는 경우를 어디서든 효과라고 합니다.

이 효과는 소립자를 관측할 때 일어날 수 있습니다. 실제로 힉스 입자를 관측할 때 우연히 어디서든 효과가 일어나 잘못 관측되어 버린 경우가 적지 않습니다. 확률론적인 해석이 일반적인 양자 역학이기에 일어나기 쉬운 현상이라고 할 수 있겠네요. 그러므로 소립자 실험에서는 어디서든 효과를 고려해야 합니다.

참고 문헌

■ 서적

- 이케스에 쇼타 『한 번 읽으면 절대 잊을 수 없는 물리 교과서』 SB크리에이티브
- 니시나리 가쓰히로 『도쿄대 선생님! 문과인 저에게 알기 쉽게 물리를 가르쳐 주세요』 간키출판
- 후쿠에 준, 후쿠에 쓰바사, 후쿠에 게이 『물리학 도감』 옴샤
- 가마호리 히로타카, 가와무라 류이치 『완벽 그림풀이 기상학 입문』 고단샤
- 기무라 류지(감수) 『[어른을 위한 도감]기상, 날씨의 새로운 사실 기상 현상의 불가사의』 신세이출판사
- 다케우치 가오루 『제로부터 배우는 양자 역학』 고단샤
- 요비노리 다쿠미 『어려운 수식은 전혀 모르지만 상대성 이론을 가르쳐 주세요!』 SB크리에이티브
- 다니구치 요시아키 『신 천문학 사전』 고단샤
- 스텐 오덴월드 『알려주고 싶을 정도로 쉽게 풀이한 양자론의 기초 강좌』 뉴턴프레스
- Newton 별책 『천문학 약진의 400년 현대의 우주상은 이렇게 만들어졌다』 뉴턴프레스
- Newton 별책 『상대성 이론』 뉴턴프레스
- Newton 대도감 시리즈 『우주대도감』 뉴턴프레스
- Newton 대도감 시리즈 『물리대도감』 뉴턴프레스
- 『신 물리 기초』 수우켄출판

■ 웹사이트

- 내셔널 지오그래픽 일본판 https://natgeo.nikkeibp.co.jp/
- 고에너지 가속기 연구 기구 키즈 사이언티스트 https://www2.kek.jp/kids
- 도호대학 https://www.toho-u.ac.jp
- 도쿄대학 https://www.u-tokyo.ac.jp

일본판 감수자

이케스에 쇼타(池末翔太)

수험생 동기 부여 코치이자 입시 학원 강사다. 온라인 입시 학원 마나비에이드에서 물리와 수학을 가르치면서 고등학교에 출장 수업과 강연을 나가기도 한다. 1989년 일본 후쿠오카현에서 태어났으며 대학 입학 후 네 곳의 학원에서 강사 경험을 쌓고 그중 두 곳에서는 주임 강사로 근무했다. 대학생 때 공저로 출판한『중고생의 공부 고민을 해결해 드리겠습니다』를 비롯해『한 번 읽으면 절대 잊을 수 없는 물리 교과서』등 다수의 저서가 있다.

일본판 스태프 명단

표지디자인	카나이 히사유키(주식회사 TwoThree)
본문디자인&DTP	히라타 하루히사(유한회사 노보)
일러스트	히라바야시 토모코
교정	쿠스노키샤

세상에서 가장 쉬운 물리학 입문서
필수 물리 용어 사전

초판 1쇄	2025년 8월 15일
지은이	스즈키 유타
옮긴이	이선주
감수	이기진
편집	이용혁
디자인	이재호
펴낸이	이경민
펴낸곳	㈜동아엠앤비
출판등록	2014년 3월 28일(제25100-2014-000025호)
주소	(03972) 서울특별시 마포구 월드컵북로22길 21, 2층
홈페이지	www.dongamnb.com
블로그	https://blog.naver.com/damnb0401
전화	(편집) 02-392-6901 (마케팅) 02-392-6900
팩스	02-392-6902
SNS	
전자우편	damnb0401@naver.com
ISBN	979-11-6363-972-5 03420

※ 책 가격은 뒤표지에 있습니다.
※ 잘못된 책은 구입한 곳에서 바꿔 드립니다.
※ 여러분의 투고를 기다립니다.
※ 이 책에 실린 사진은 위키피디아, 셔터스톡, 유토이미지 및 각 저작권자에게서 제공받았습니다.
   사진 출처를 찾지 못한 일부 사진은 저작권자가 확인되는 대로 게재 허락을 받겠습니다.